《数学中的小问题大定理》丛书（第二辑）

中国剩余定理

——总数法构建中国历史年表

左铨如 刘培杰 编著

◎ 从“韩信点兵”到“孙子定理”

◎ 用孙子定理证明若干竞赛题

◎ 话说祖冲之大衍法

◎ 祖冲之用内外逼近法求圆周率

◎ 万物周期旋转之道

哈爾濱工業大學出版社
HARBIN INSTITUTE OF TECHNOLOGY PRESS

内容简介

“大衍求一术”和“总数术”是祖传妙法，是天文数字计算及不定分析的创始篇. 本书作者先将“大衍求一术”及其算草改造成好用的“秦-左表”，拓展了“孙子定理”的应用范围，突出了最佳逼近的数学思想. 为适应天文学的需要，将整数集上解一次同余方程组的问题扩大到了有理数的范围；还介绍了开平方、解一元二次方程的古法. 应用“总数术”确定旋转周期的公倍数，搜寻到二百多次“五星聚”，为构建《五千年中国历史年表》奠定了科学的基础. 最后寻求周期旋转之道，从轨道为椭圆螺旋线出发，用微分法推导出万有引力、斥力公式和质能分布密度公式，揭示了万物的引力源自暗物质，使微观与宏观的理论统一起来.

图书在版编目(CIP)数据

中国剩余定理：总数法构建中国历史年表/左铨如，刘培杰编著. —哈尔滨：哈尔滨工业大学出版社，2015.1(2023.3 重印)

ISBN 978-7-5603-5089-9

Ⅰ.①中…　Ⅱ.①左…　②刘…　Ⅲ.①数学史-中国-古代　Ⅳ.①O112

中国版本图书馆 CIP 数据核字(2014)第 305093 号

策划编辑　刘培杰　张永芹
责任编辑　张永芹　刘立娟
封面设计　孙茵艾
出版发行　哈尔滨工业大学出版社
社　　址　哈尔滨市南岗区复华四道街 10 号　邮编 150006
传　　真　0451-86414749
网　　址　http://hitpress.hit.edu.cn
印　　刷　哈尔滨工业大学印刷厂
开　　本　787mm×960mm 1/16　印张 11.25　插页 1　字数 112 千字
版　　次　2015 年 1 月第 1 版　2023 年 3 月第 2 次印刷
书　　号　ISBN 978-7-5603-5089-9
定　　价　28.00 元

目录

第 0 章　从“韩信点兵”到“孙子定理” //1
§1　韩信点兵 //1
§2　物不知总 //2
§3　孙子定理 //4
§4　“百鸡问题” //8
§5　求五星会合周期的公倍数 //9
第 1 章　用孙子定理证明若干竞赛题 //11
第 2 章　话说祖冲之大衍法 //42
§1　秦九韶传承了《缀术》 //43
§2　“大衍求一术”是衍化方阵的方法 //43
§3　连分数与商数列 //46
第 3 章　从“秦-左表”到“秦-左定理” //48
§1　更相减损求等数 //49
§2　乘加迭代找乘率 //49
§3　最佳渐近分数与秦-左定理 //49
第 4 章　祖冲之用最佳逼近法开方——开差幂开差立 //53

§1　刘徽的开方术　//53
§2　祖冲之更开密法　//55
§3　用古法解一元二次方程　//57
第5章　祖冲之用内外逼近法求圆周率　//60
第6章　用总数法、消元法解一次不定方程组　//63
§1　从“程行相及”谈起　//63
§2　注释“古历会积”介绍总数法　//65
§3　用消元法(演纪法)求总数　//70
§4　祖冲之的上元积年数　//72
第7章　岁差“治历推闰”交食周期　//75
§1　岁差　//76
§2　“治历推闰”　//77
§3　日月交食周期　//80
第8章　用总数法敲定“五星聚”的真伪　//83
§1　岁星纪年法与岁星超辰　//83
§2　历元定于公元1962年2月5日　//86
§3　249个五星聚为构建《五千年中国历史年表》打基础　//88
§4　“五星聚于房”与武王伐纣　//89
§5　公元前2289年“辰弗集于房”　//93
§6　炎帝“七曜起于天关”在公元前2863年　//94
第9章　万物周期旋转之道　//96
§1　周期运动的轨道方程　//97
§2　万物周期运动的中心力场与势函数　//99
§3　量子数 n 与原子结构　//101

§4　万有引力斥力公式的发现过程　//103
第10章　推广到多项式理论　//107
§1　多项式理论中与它相似的定理　//107
§2　交换环理论中的直和分解定理　//109
§3　赋值论中的逼近定理　//110
附录1　五星会合周期 T_i 的公倍数 N_j 与 T_i 的比值表　//113
附录2　位于黄道附近的星宿、星座图　//137
附录3　十二星次及二十八宿与黄道经度对照表　//138
附录4　岁星纪年、干支纪年与公历纪年的对照表★五星聚与《五千年中国历史年表》(压缩版)　//140
参考文献　//153

从“韩信点兵”到“孙子定理”

第0章

韩信是汉高祖刘邦[1]手下的大将，他英勇善战，智谋超群，为汉朝的建立做出了卓绝的贡献. 公元前 197 年，淮阴侯韩信被诛.

§1 韩信点兵

传说韩信的算术水平相当高超，他在点兵的时候，为了保守军事机密，不让敌人知道自己部队的实力，先令士兵从 1 至 3 报数，记下最后一个士兵所报的数；然后令士兵从 1 至 5 报数，又记下最后一个士兵所报的数；最后令士兵从 1 至 7 报数，再记下最后一个士兵所报的数. 这样他就能算出自己部队的总数. 这个在民间广为传颂的故事简称为“韩信点兵”.

---

① 《汉书·高帝纪》云“元年(殷历建未)冬十月，五星聚于东井，沛公至霸上.”本书用“大衍总数术”敲定“五星聚于东井”是在公元前 205 年中.

§2　物不知总

启蒙算术书《孙子算经》(写于纪元前后,修订于公元3,4世纪)将"韩信点兵"问题改编为"物不知总"问题:[1]124

"物不知总数,只云三三数之剩二,五五数之剩三,七七数之剩二,问本总数几何.【孙子】答曰:二十三."

"术曰:三数剩一下七十,(题内剩二,下百四十)
五数剩一下二十一,(题内剩三,下六十三)
七数剩一下十五,(题内剩二,下三十)
三位併之得二百三十三,
满一百五数去之.
减两个一百五,
余二十三为答数."
(载宋代杨辉《续古摘奇算法》1275年)

算法的关键是由定母3,5,7找出它们的最小公倍数(古称衍母)105以及这样三个衍数:

5与7的倍数70而除3余1;

3与7的倍数21而除5余1;

3与5的倍数15而除7余1.

"物不知总"问题引起了世人的极大兴趣.为便于记忆,将衍数、衍母编成歌诀传唱,偶教于娱乐之中.例如,宋代周密写诗歌曰:[1]124

"三岁孩儿七十稀,五留廿一事尤奇,
七度上元重相会,寒食清明便可知."

歌词中"上元"指正月十五灯节,清明节前105天

为冬至.而寒食节是纪念晋国大夫介之推的节日.子推随晋公子重耳流亡十九年备受艰辛,有割股啖君之功,但重耳返国主政后,子推拒不以功邀赏,而偕其母隐于介休绵山.晋文公求贤不得,知他是孝子,于是三面放火焚山,逼其出山,子推母子守志被焚.文公封绵山为介推田,敕令子推忌日焚火寒食,是为寒食节.第二年清明节次日,晋文公素服登绵山至子推被焚的那棵柳树下置祭,发现此柳竟复活了.睹物思人,念及子推一生追求政治清明的远大抱负,封此柳为清明柳,将此日定为寒食节.后因两节相邻,渐合二为一.

又明代程大位《算法统宗》(1593 年)卷五中记载[1]127:

“物不知总,孙子歌曰(又云韩信点兵也):

三人同行七十稀,五树梅花廿一枝,

七子团圆正月半,除百零五便得知.”

如果将“物不知总”问题改用现代数学语言表述,那么就是:

设总数为 N,要求它满足一次方程组

$$N=m_1x+R_1=m_2y+R_2=m_3z+R_3 \qquad (1)$$

其中 $m_1=3,m_2=5,m_3=7$.三个独立的方程中含有四个未知数 $N,x,y,z\in\mathbf{Z}$,通常称之为不定方程组.

答　总数 $N=70R_1+21R_2+15R_3+105t(t\in\mathbf{Z})$.

改用现代数学符号“$\equiv 0 (\mathrm{mod}\ m)$”表示“是 m 的整数倍”,这个符号是沟通古今数学的桥梁.若 $a-b$ 是 m 的整数倍,就记作 $a=b+mt(t\in\mathbf{Z})$ 或 $a\equiv b(\mathrm{mod}\ m)$,读作 a 同余于 b 模 m.

这样“物不知总”问题又成为解同余方程组的问题:

已知 m_1,m_2,m_3 是两两既约(互素)的正整数,它

们的最小公倍数(衍母)$m=m_1m_2m_3$,求同余方程组(规范式)

$$N\equiv R_1(\bmod m_1), N\equiv R_2(\bmod m_2), N\equiv R_3(\bmod m_3) \tag{2}$$

的所有整数解(通解).

分析 (a)如果剩余 $R_1=R_2=R_3$,那么 $N-R_1$ 就是 m_1,m_2,m_3 的公倍数,总数 $N=R_1+mt(t\in\mathbf{Z})$.

(b)如果剩余中只有两个相等,如 $R_2=R_1$,问题相当于求一个数 $N-R_1$,它是 m_1,m_2 的整数倍,故 $N-R_1=m_1m_2t$,而除 m_3 余 R_3-R_1.这时只需解一个同余方程:$m_1m_2t+R_1\equiv R_3(\bmod m_3)$.

(c)如果剩余 R_1,R_2,R_3 互不相等,问题可分解成三个(b)类问题.

可见如何解一次不定方程 $Gx-my=R$ 或同余方程 $Gx\equiv R(\bmod m)$是解决"总数"问题的关键和难点.

1852 年,来华传教士伟烈亚力(1815—1887)将"物不知总"问题介绍到西方,遂称之为"中国剩余定理",如今改写成下面更形式化了的"孙子定理".[2]165

§3 孙子定理

设 m_1,m_2,m_3 是两两互素的正整数,$m_1G_1=m_2G_2=m_3G_3=m_1m_2m_3$,则不定方程组(1)或同余方程组(2)必有解,且所有整数解(通解)为

$$N=G_1x_1R_1+G_2x_2R_2+G_3x_3R_3+m_1m_2m_3t \quad (t\in\mathbf{Z}) \tag{3}$$

其中 x_i 是满足方程 $G_ix_i\equiv1(\bmod m_i)(i=1,2,3)$的正

整数.

在通解公式(3) 中,x_i 称为乘率,现今《初等数论》中称 x_i 为 G_i 对模 m_i 的逆,记作 G_i^{-1}.

在公式(3)中,若取 $R_1=R_2=R_3=1$,立刻得到下面的推论,它在抽象代数中有用.

推论　对于衍数 G_i ($m_1G_1=m_2G_2=m_3G_3=m_1m_2m_3$)和乘率 $x_i(i=1,2,3)$

$$G_1x_1\equiv 1(\bmod m_1)$$
$$G_2x_2\equiv 1(\bmod m_2)$$
$$G_3x_3\equiv 1(\bmod m_3)$$

总有

$$G_1x_1+G_2x_2+G_3x_3\equiv 1(\bmod m_1m_2m_3)$$
$$G_1^2x_1^2+G_2^2x_2^2+G_3^2x_3^2\equiv 1(\bmod m_1m_2m_3)$$
$$G_1G_2\equiv G_2G_3\equiv G_3G_1\equiv 0(\bmod m_1m_2m_3)$$

孙子定理给出了不定方程组(1)的通解公式(3),将解不定方程组问题归结为如何求乘率(解同余方程)的问题.

如何求乘率呢? 这在《数书九章·古历会积》中给出了如下方法(谓之“大衍总数术”):“以定相乘为衍母,定除母得衍数,满定去衍得奇,以大衍入之得乘率.”[3]10

例1　解同余方程 $35x\equiv R(\bmod 11)$.

解　总数术称:“满定去衍得奇”就是指 $35x\equiv 2x\equiv R(\bmod 11)$,再用 $x=1,2,3,4,\cdots$依次代入方程试验便知,该方程的最小正整数解(乘率)为6,用它乘方程 $2x\equiv R(\bmod 11)$的两端,左端是 $6\times 2x\equiv x(\bmod 11)$,方程就能化简为 $x\equiv 6R(\bmod 11)$,也就是 $x=6R+11t$ $(t\in\mathbf{Z})$.

例 2 对于方程 $Gx\equiv 1 \pmod{11}$，如果顺次取

$$G=\{1,2,3,4,5,6,7,8,9,10\}$$

心算便知相应的乘率

$$G^{-1}=\{1,6,4,3,9,2,8,7,5,10\}$$

不难发现：对于模 m 为素数而言，求 G 对模 m 的逆 G^{-1} 相当于将 G 中 1 至 $m-1$ 个数码变换位置而已，而且 $(G^{-1})^{-1}=G$. 因此，求逆（乘率）这种运算可以对数码进行加密和解密，广泛应用于数据库保密和密电码设计之中.

当模数 m 较大时，就不能用试验的方法来求乘率了. 这时要用中国古代先圣创造的“大衍求一术”来解决这个难题. 虽然也可以用瑞士数学物理学家欧拉于公元 1760 年引进的欧拉函数 $\varphi(m)$（$\varphi(m)$ 表示不大于 m 而与 m 互素的正整数的个数）. 欧拉从理论上独立证明了 G 对模 m 的逆

$$G^{-1}\equiv G^{\varphi(m)-1} \pmod{m}$$

但是从算法上看，用欧拉定理解例 1 就要计算

$$2^{\varphi(11)-1}=2^{9}=512\equiv 6 \pmod{11}$$

显然当 G,m 较大时，$G^{\varphi(m)-1}$ 非常大. 正如数学家吴文俊所说：“即使有现代计算机辅助，得到最终结果也是相当困难的.”[4]3 从计算过程看，用下一章介绍的“大衍求一术”则要简单方便得多，而且祖冲之大衍法观点高，让古今多少“学官莫能究其深奥”，远比西方的先进.

例 3 解方程组

$$3x\equiv 2 \pmod{4} \tag{4}$$

$$2x\equiv 4 \pmod{7} \tag{5}$$

$$9x\equiv 4 \pmod{11} \tag{6}$$

解法 1（总数法） 这里模两两互素. 用试验的方

法分别求得乘率 3,4,5,乘以方程(4)～(6)两端可将方程组同解变形为规范式

$$x\equiv 2(\bmod 4) \tag{7}$$

$$x\equiv 2(\bmod 7) \tag{8}$$

$$x\equiv 9(\bmod 11) \tag{9}$$

式(7),式(8)可以合并为

$$x\equiv 2(\bmod 28)$$

因此 3 个方程简化为 2 个方程,其通解为

$$x=11x_1\times 2+28x_2\times 9+28\times 11t$$

其中 $11x_1\equiv 1(\bmod 28)$,$x_1=23$(其算草如下:

28	0	
11	1	2
6	2	1
5	3	1
1	5	4
1	23	

算法就是“求一术”),$28x_2=6x_2\equiv 1(\bmod 11)$,$x_2=2$.

故通解是

$$x=22\times 23+252\times 2+308t=86+308(t+3)\quad (t\in\mathbf{Z})$$

解法 2(消元法)　先解方程(4)得

$$x=2+4y \tag{10}$$

将式(10)代入方程(5)得

$$2(2+4y)\equiv 4(\bmod 7)$$

解得 $y=7z$,代入式(10)得

$$x=2+28z \tag{11}$$

再将式(11)代入方程(6)得

$$9(2+28z)\equiv 4(\bmod 11)$$

化简得

$$3-z\equiv 0 \pmod{11}$$

解得 $z=3+11t$,代入式(11)便得通解

$$x=2+28(3+11t)=86+308t \quad (t\in\mathbf{Z})$$

易见,用消元法解不定方程组,方程的个数再多也可以继续迭代下去,而且不需要先判别模是否两两互素,方程组解的存在性问题可以在解题过程中讨论解决.

§4 "百鸡问题"

南北朝时的著作《张丘建算经》(约成书于 5 世纪),卷下最末一题为:

"今有鸡翁一值钱五,鸡母一值钱三,鸡雏三值钱一.凡百钱买鸡百只.问鸡翁母雏各几何?"

史称它为"百鸡问题".

关于这一问题的解法,原书仅有"鸡翁每增四,鸡母每减七,鸡雏每益三"的简单术文,并列出了全部正整数的答案

(4,18,78),(8,11,81)和 (12,4,84)

南宋杨辉在《续古摘奇算法》(1275)中提到两种解法,将"百鸡问题"化为"鸡兔同笼"问题,相当于求解二元一次方程组.清代学者研究百鸡问题的很多,其中较突出的是骆腾凤、丁取忠和时曰醇.骆腾凤在《艺游录》(1815)中提出了一个十分巧妙的解法:先由题设方程组

$$\begin{cases} x+y+z=100 \\ 5x+3y+\dfrac{1}{3}z=100 \end{cases}$$

消去 z,得 $7x+4y=100$,从而化为 $4y-100=7x\equiv$

0(mod 7).于是化为“今有物不知数($4y$),以七除之余二,以四除之恰尽”的问题.

丁取忠《数学拾遗》(1851)的解法与杨辉第二法类似,只是他先假定鸡翁无,求得鸡母数 25,鸡雏数 75.若再由 z 加 3,y 减 3,则鸡数不会变,而钱数则少 8.又因为鸡翁的单价比鸡母的单价多 2,可以设想再将 4 只鸡母换成 4 只鸡翁,那么总的鸡数和钱数都不变,这样就解释了“增四减七益三”的道理,从而得出第一组解 (4,25−7, 75+3).

时曰醇作《百鸡术衍》(1861),使这一古老问题灿然大著.

§5　求五星会合周期的公倍数

日、月对地球环境的周期性影响(如潮汐、地震[5]等)人所共知,而地球的其他近邻如木、火、土、金、水五大行星对地球有何影响则鲜为人知.其实对这种影响的周期性早有研究.例如:

公元 7 年天算家刘歆修定《三统历》,他推算五星(木、火、土、金、水)与太阳的会合周期①的公倍数

$$[398.71, 780.53, 377.94, 584.13, 115.91](\text{天})=$$
$$[1.0916, 2.137, 1.0347, 1.599, 0.317](\text{年})=$$
$$\left[\frac{12\times 144}{1583}, \frac{96\times 144}{45\times 144}, \frac{30\times 144}{29\times 144}, \frac{24\times 144}{15\times 144}, \frac{64\times 144}{202\times 144}\right]^{②}=$$

① 从地球角度观测,天球面上某行星从上合点(与日地共线,见第 8 章图 4)运行到下一个上合点所历时间称为该行星的会合周期.

② 此式中五个分子依次为 1728,13824,4320,3456,9216,在《三统历》中称之为五星运行大周.

$$\left[\frac{12\times 144}{1583},\frac{32}{15},\frac{30}{29},\frac{8}{5},\frac{32}{101}\right]=144\times 60=\frac{138240}{16}$$

又因 19 年是日、月周天的公倍数，刘歆将式中 $38240\times 19=2626560$ 称之为“日月五星的会元之数”(见《汉书·律历志·世经》(刘歆著)). 它就是七个会合周期的公倍数.

南北朝时，祖冲之(429—500)用“推五星术”给出了相当准确的五星会合周期:[1]34

木星: $\frac{15753082}{39491}=398.903$;

火星: $\frac{30804196}{39491}=780.032$;

土星: $\frac{14930354}{39491}=378.070$;

金星: $\frac{23060014}{39491}=583.931$;

水星: $\frac{4576204}{39491}=115.879$;

岁周: $\frac{14424664}{39491}=365.2646$.

这里岁周是地球的公转周期恒星年. 祖冲之首次采用的共同分母 39491，就是这六个有理数的倒数的公倍数. 祖冲之还求出上元积年数:

“上元甲子至宋大明七年癸卯五万一千九百三十九年.”

何谓上元，上元积年数是怎么算得的? 几个有理数的公倍数是多少? 如何求大数的乘率? 这些将是本书要逐步解决的问题.

第1章 用孙子定理证明若干竞赛题

例 1 设 a,b 是正整数,使得对任意正整数 n,均有 $(a^n+n)\mid(b^n+n)$,证明:$a=b$.
(第 46 届国际数学奥林匹克预选题,2005 年)

证明 用反证法.

假设 $b\neq a$.

当 $n=1$ 时,有 $(a+1)\mid(b+1)$,故 $b>a$.

设 p 是一个大于 b 的质数,n 是满足

$$\begin{cases}n\equiv 1(\bmod (p-1))\\ n\equiv -a(\bmod p)\end{cases}$$

的正整数.

由中国剩余定理可知,这样的 n 是存在的,例如 $n=(a+1)(p-1)+1$.

由费马小定理,有

$$a^n=a^{k(p-1)+1}\equiv a(\bmod p)$$

其中 $k\in\mathbf{N}$,所以

$$a^n+n\equiv 0(\bmod p)$$

即

$$p\mid(a^n+n)$$

由 $(a^n+n)\mid(b^n+n)$,有

$$p\mid(b^n+n)$$

再由费马小定理,$b^n\equiv b(\bmod p)$ 及

$n\equiv -a(\bmod p)$，有

$$b^n+n\equiv b-a(\bmod p)$$

所以，$p|(b-a)$与 p 是一个大于 b 的质数矛盾，因此，$a=b$.

例 2 平面上整点(x,y)中，如果 x,y 是互素的，则这样的整点叫既约的. 证明：任给 $n>0$，存在一个整点，它与每一个既约整点的距离大于 n.

证明 设 $-n\leqslant i,j\leqslant n$，则 $P_{i,j}$ 表示$(2n+1)^2$ 个不同的素数. 由孙子定理知，存在整数 a 满足一组$(2n+1)^2$ 个同余式

$$a\equiv i(\bmod P_{i,j})\quad (-n\leqslant i,j\leqslant n) \tag{1}$$

和整数 b 满足一组$(2n+1)^2$ 个同余式

$$b\equiv j(\bmod P_{i,j})\quad (-n\leqslant i,j\leqslant n) \tag{2}$$

下面我们验证整点(a,b)满足所需的性质. 任一整点(x,y)与(a,b)的距离设为 d，如果 $d\leqslant n$，则

$$d=\sqrt{(a-x)^2+(b-y)^2}\leqslant n$$

即

$$(a-x)^2+(b-y)^2\leqslant n^2$$

由此推出 $|a-x|\leqslant n$，$|b-y|\leqslant n$. 不妨设 $a-x=i$，$b-y=j$，$-n\leqslant i,j\leqslant n$，即 $x=a-i$，$y=b-j$，$-n\leqslant i,j\leqslant n$. 由式(1)和式(2)知，$P_{i,j}\mid(a-i)=P_{i,j}\mid x$，$P_{i,j}\mid(b-j)=P_{i,j}\mid y$，因此$(x,y)$非既约整点，这就证明了每一个既约整点与点$(a,b)$的距离大于 n. 证毕.

注 在空间中，以上结果也是对的，即任给 $n>0$，存在一个圆心为整点，半径为 n 的球，使得球内(包括球面)没有既约整点.

例 3 求 $A=14^{14^{14}}$ 的末两位数.

解 显然有 $A\equiv 0(\bmod 4)$，又 $14^2=196\equiv -4(\bmod 25)$，

$14^6 \equiv (-4)^3 \equiv -64 \equiv -14 \pmod{25}$. 由于$(14,25)=1$,所以$14^5 \equiv -1 \pmod{25}$,于是$14^{10} \equiv 1 \pmod{25}$. 又有$14^{14}=196^7 \equiv 6^7 \equiv 6 \pmod{10}$,所以$A=14^{14^{14}} \equiv 14^{10t+6} \equiv 1^t \cdot 14^6 \equiv -14 \equiv 11 \pmod{25}$. 解一次同余方程组$A \equiv 0 \pmod 4$,$A \equiv 11 \pmod{25}$,解得$A \equiv 36 \pmod{100}$(用孙子定理),所以$A$的末两位数为36.

例4 一个整数n,若满足$|n|$不是一个完全平方数,则称这个数是"好"数. 求满足下列性质的所有整数m:m可以用无穷多种方法表示成三个不同的"好"数的和,且这三个"好"数的乘积是一个奇数的平方.

(第44届国际数学奥林匹克预选题,2003年)

解 假设m满足条件,即

$$m=u+v+w$$

且uvw是一个奇数的平方.

于是,u,v,w均为奇数,且

$$uvw \equiv 1 \pmod 4$$

所以,u,v,w对mod 4,或者有两个余3,一个余1,或者三个都余1,因此

$$m=u+v+w \equiv 3 \pmod 4$$

下面证明:当$m \equiv 3 \pmod 4$时,满足条件要求的性质.

设$m=4k+3$,$k \in \mathbf{N}$,我们设法寻求形如

$$m=4k+3=xy+yz+zx$$

的表达式,因为在这个表达式中,三数之积

$$(xy)(yz)(zx)=(xyz)^2$$

设$x=2l+1$,$y=1-2l$,则

$$4k+3=1-4l^2+2z$$

$$z=2l^2+2k+1$$

于是

$$xy=1-4l^2=f(l)$$

$$yz=-4l^3+2l^2-(4k+2)l+2k+1=g(l)$$

$$zx=4l^3+2l^2+(4k+2)l+2k+1=h(l)$$

由上面的表达式可知，$f(l)$，$g(l)$和$h(l)$均为奇数，且乘积是一个奇数的平方.

显然$f(l)=g(l)=h(l)$只有有限个解，因此，除有限个l之外，$f(l)$，$g(l)$和$h(l)$是互不相同的.

当$l\neq 0$时，$|f(l)|=|1-4l^2|$不是完全平方数.

$$h(l)=4l^3+2l^2+(4k+2)l+2k+1=$$
$$(2l+1)(2l^2+2k+1)$$

选取两个不同的质数p，q使$p>4k+3$，$q>4k+3$，选取l，使l满足

$$1+2l\equiv 0 \pmod p$$

$$1-2l\equiv 0 \pmod p$$

$$1+2l\not\equiv 0 \pmod {p^2}$$

$$1-2l\not\equiv 0 \pmod {p^2}$$

由中国剩余定理，l是存在的.

由于$p>4k+3$，且

$$2(2l^2+2k+1)=(2l+1)(2l-1)+4k+3\equiv$$
$$4k+3 \pmod p$$

所以$2(2l^2+2k+1)$不能被p整除.

因此$2l^2+2k+1$不能被p整除.

于是

$$|h(l)|=|(2l+1)(2l^2+2k+1)|$$

能被p整除，但不能被p^2整除.

所以$|h(l)|$不是完全平方数.

类似地可证$|g(l)|$也不是完全平方数.

于是 $f(l)$，$g(l)$和 $h(l)$满足要求.

例5　设 A 是正整数集的无限子集，$n(n>1)$是给定的整数，已知对任意一个不整除 n 的质数 p，集合 A 中均有无穷多个元素不被 p 整除.

求证：对任意整数 $m(m>1)$，$(m,n)=1$，集合 A 中均存在有限个互不相同的元素，其和 S 满足

$$S\equiv 1(\bmod m)\text{且 }S\equiv 0(\bmod n)$$

（中国数学奥林匹克，2008年）

证明　设 $p^{\alpha}\parallel m$，则集合 A 中有一个无穷子集 A_1，其中的元素都不被 p 整除.

由抽屉原理，集合 A_1 有一个无穷子集 A_2，其中的元素对于 $\bmod mn$ 余 a，a 是一个不被 p 整除的数.

因为$(m,n)=1$，所以$\left(p^{\alpha},\dfrac{mn}{p^{\alpha}}\right)=1$.

由中国剩余定理，同余方程组

$$\begin{cases}x\equiv a^{-1}(\bmod p^{\alpha})\\ x\equiv 0\left(\bmod \dfrac{mn}{p^{\alpha}}\right)\end{cases}\tag{3}$$

有无穷多个整数解.

任取其中一个正整数解 x，并记 B_p 是 A_2 中前 x 项的集合，则 B_p 中的元素之和

$$S_p\equiv ax(\bmod mn)$$

再由方程组(3)可知

$$S_p\equiv ax\equiv 1(\bmod p^{\alpha})$$

$$S_p\equiv 0\left(\bmod \frac{mn}{p^{\alpha}}\right)$$

设 $m=p_1^{\alpha_1}\cdots p_k^{\alpha_k}$，并设对每个 $p_i(1\leqslant i\leqslant k-1)$已选出了 A 的有限子集 B_i，其中 $B_i\subset A/B_1\cup B_2\cup\cdots\cup B_{i-1}$，使 B_i 中的元素之和 S_{p_i} 满足

$$\begin{cases} S_{p_i} \equiv 1 \pmod{p_i^{\alpha_i}} \\ S_{p_i} \equiv 0 \left(\bmod \dfrac{mn}{p_i^{\alpha_i}}\right) \end{cases} \tag{4}$$

考虑集合 $B=\bigcup_{i=1}^{k} B_i$.

则 B 的元素之和为 $S=\sum_{i=1}^{k} S_i$.

由式(4),有

$$S \equiv 1 \pmod{p_i^{\alpha_i}} \quad (1 \leqslant i \leqslant k)$$

$$S \equiv 0 \pmod{n}$$

所以集合 B 满足题目要求.

例 6 设 n 和 k 是正整数,其中 n 是奇数或 n 和 k 都是偶数. 证明:存在整数 a,b,使得

$$(a,n)=1,(b,n)=1,k=a+b$$

(西班牙数学奥林匹克,2005 年)

证明 (1)若 n 是奇质数或奇质数的幂,设 $n=p^{\alpha}$.

因为

$$k=1+(k-1),k=2+(k-2),(2,n)=(2,p^{\alpha})=1$$

$k-1$ 和 $k-2$ 中一定有一个和 p 互质,因而也与 $n=p^{\alpha}$ 互质.

于是,$(k-1,n)$ 与 $(k-2,n)$ 必有一个为 1,又

$$(1,n)=1,(2,n)=1$$

则

$$k=a+b=1+(k-1) \text{ 或 } 2+(k-2)$$

必有一个符合条件.

所以 n 是奇质数或奇质数的幂时,命题成立.

(2)若 n 是奇数,设 $n=p_1^{\alpha_1} p_2^{\alpha_2} \cdots p_m^{\alpha_m}$,其中 p_1,p_2,…,p_m 为奇质数.

由(1)知,对 $i=1,2,\cdots,m$,存在 a_i,b_i,满足

$$k=a_i+b_i,(a_i,p_i^{\alpha_i})=1,(b_i,p_i^{\alpha_i})=1$$

由中国剩余定理,同余方程组

$$\begin{cases}x\equiv a_1 \pmod{p_1^{\alpha_1}}\\ x\equiv a_2 \pmod{p_2^{\alpha_2}}\\ \quad\vdots\\ x\equiv a_m \pmod{p_m^{\alpha_m}}\end{cases}$$

有解,设此解为 a',则

$$a'\equiv a_i \pmod{p_i^{\alpha_i}}\quad (i=1,2,\cdots,m)$$

于是由 $(a_i,p_i^{\alpha_i})=1$,得 $(a',p_i^{\alpha_i})=1$.

于是 $(a',n)=1$,同理可证存在整数 b',使 $(b',n)=1$.由于

$$k=a_i+b_i\equiv a'+b' \pmod{p_i^{\alpha_i}}\quad (i=1,2,\cdots,m)$$

再由中国剩余定理,得

$$k\equiv a'+b' \pmod n$$

设 $k=a'+b'+tn,a=a',b=b'+tn$,则

$$(a,n)=1,(b,n)=(b',n)=1,k=a+b$$

所以,n 为奇数时,命题成立.

(3)若 n 为偶数,则 k 也是偶数.

设 $n=2^{\beta}n_0$,其中 n_0 是奇数,由(2)知,存在整数 a_0,b_0,使得

$$(a_0,n_0)=1,(b_0,n_0)=1,k=a_0+b_0$$

若 a_0,b_0 都是奇数,则 $(a_0,n)=1,(b_0,n)=1$,命题成立.

若 a_0,b_0 都是偶数,设 $a=a_0+n_0,b=b_0-n_0$,则 a,b 都是奇数,所以

$$(a,n)=1,(b,n)=1,k=a+b$$

因此,n 是偶数时,命题成立.

例7　(1)给定正整数 $n(n\geqslant 5)$,集合 $A_n=\{1,$

$2,\cdots,n\}$，是否存在一一映射 $\varphi:A_n\to A_n$，满足条件：对一切 $k(1\leqslant k\leqslant n-1)$，都有

$$k\mid(\varphi(1)+\varphi(2)+\cdots+\varphi(k))$$

(2) $\mathbf{N}_+$ 为全体正整数的集合，是否存在一一映射 $\varphi:\mathbf{N}_+\to\mathbf{N}_+$ 满足条件：对一切 $k\in\mathbf{N}_+$，都有

$$k\mid(\varphi(1)+\varphi(2)+\cdots+\varphi(k))$$

证明你的结论.

注 映射 $\varphi:A\to B$ 称为一一映射，如果任意 $b\in B$，有且只有一个 $a\in A$，使得 $\varphi(a)=b$.

（中国高中数学联赛福建省预赛，2004 年）

解 (1)不存在.

记

$$S_k=\sum_{i=1}^{k}\varphi(i)$$

当 $n=2m+1(m\geqslant 2)$ 时，由 $2m\mid S_m$ 及

$$S_{2m}=\frac{(2m+1)(2m+2)}{2}-\varphi(2m+1)$$

可得

$$\varphi(2m+1)\equiv m+1(\bmod 2m)$$

但是

$$\varphi(2m+1)\in A_{2m+1}$$

故

$$\varphi(2m+1)=m+1$$

再由

$$(2m-1)\mid S_{2m-1}$$

及

$$S_{2m-1}=\frac{(2m+1)(2m+2)}{2}-(m+1)-\varphi(2m)$$

可得

$$\varphi(2m)\equiv m+1(\bmod(2m-1))$$

所以 $\varphi(2m)=m+1$ 与 φ 的双射定义矛盾.

当 $n=2m+2(m\geqslant 2)$ 时

$$S_{2m+1}=\frac{(2m+2)(2m+3)}{2}-\varphi(2m+2)$$

给出 $\varphi(2m+2)=1$ 或 $2m+2$,同上又得出 $\varphi(2m+1)=\varphi(2m)=m+2$ 或 $m+1$,矛盾.

(2)存在.

对 n 归纳定义 $\varphi(2n-1)$ 及 $\varphi(n)$ 如下:

令 $\varphi(1)=1,\varphi(2)=3$.

假设已定义出不同的正整数值 $\varphi(k)(1\leqslant k\leqslant 2n)$ 满足整除条件且包含 $1,2,\cdots,n$. 又设 v 是没有取到的最小正整数值.

由于 $(2n+1,2n+2)=1$,根据中国剩余定理,存在不同于 v 及 $\varphi(k)(1\leqslant k\leqslant 2n)$ 的正整数 u 满足同余式组

$$u\equiv -S_{2n}(\bmod\ (2n+1))$$

$$u\equiv -S_{2n}-v(\bmod\ (2n+2))$$

定义 $\varphi(2n+1)=u,\varphi(2n+2)=v$,则正整数 $\varphi(k)(1\leqslant k\leqslant 2n+2)$ 也互不相同,且满足整除条件,包含 $1,2,\cdots,n+1$.

根据数学归纳法,已经得到符合要求的一一映射 $\varphi:\mathbf{N}_+\to\mathbf{N}_+$.

例8　已知 n 元正整数组 $\{a_n\}$ 满足以下条件:

(1) $1\leqslant a_1<a_2<\cdots<a_n\leqslant 50$;

(2)对于任意 n 元正整数组 $\{b_n\}$,存在一个正整数 m 及一个 n 元正整数组 $\{c_n\}$ 使得

$$mb_i=c_i^{a_i}\quad(i=1,2,\cdots,n)$$

证明：$n\leqslant 16$，并求出 $n=16$ 时，不同的 n 元正整数 $\{a_n\}$ 的个数.

（捷克－波兰－斯洛伐克数学奥林匹克，2009 年）

证明 首先证明：$\{a_n\}$ 中的元素两两互质.

否则，若对于某些 $i\neq j$，有

$$(a_i,a_j)=d>1$$

不妨设 $a_i=ud$，$a_j=vd$，$b_i=1$，$b_j=2$，则由条件(2)，存在 m，c_i，c_j，使得

$$mb_i=c_i^{a_i},mb_j=c_j^{a_j}$$

即

$$mb_i=(c_i^u)^d,mb_j=2m=(c_j^v)^d$$

于是

$$2(c_i^u)^d=(c_j^v)^d$$

此式不可能成立.

所以 $\{a_n\}$ 中元素两两互质.

下面证明：当 $\{a_n\}$ 中元素两两互质时，条件(2)可以满足.

记 $\{b_n\}$ 为任意 n 元正整数组，$p_1,p_2,\cdots,p_k$ 为 $\{b_n\}$ 元素的所有质因子.

考虑 $m=p_1^{\alpha_1}p_2^{\alpha_2}\cdots p_k^{\alpha_k}$.

记 $\beta_{i,j}(i=1,2,\cdots,n)$ 为 b_i 的质因数分解中 p_j 的次数.

要使 mb_i 为某个正整数的 a_i 次幂，需使 $\alpha_j+\beta_{i,j}$ 为 a_i 的倍数，其中 $j=1,2,\cdots,k$.

从而 α_j 需满足同余方程组

$$\begin{cases}\alpha_j\equiv-\beta_{1,j}\pmod{a_1}\\ \alpha_j\equiv-\beta_{2,j}\pmod{a_2}\\ \qquad\vdots\\ \alpha_j\equiv-\beta_{n,j}\pmod{a_n}\end{cases}$$

由$\{a_n\}$中的元素两两互质及孙子定理知，这样的 α_j($j=1,2,\cdots,k$)存在.

因而条件(2)可被满足.

在区间$[1,50]$中恰好有 15 个质数.

若 $n\geqslant 17$，则在

$$2\leqslant a_2<a_3<\cdots<a_n\leqslant 50$$

中必然至少有两个数有共同的质因数，这样$\{a_n\}$的元素不能两两互质.

因此 $n\leqslant 16$.

若 $n=16$，则 $a_1=1$，且 $a_2,a_3,\cdots,a_{16}$ 必须是不同质数的方幂.

$p=2$，有 2，4，8，16，32；

$p=3$，有 3，9，27；

$p=5$，有 5，25；

$p=7$，有 7，49；

$p\geqslant 11$，只有 p.

故满足条件的 16 元正整数组共有

$$5\times 3\times 2\times 2\times 1=60(\text{组})$$

例 9　是否存在 1 000 000 个相继整数，使得每一个都含有重复的素因子，即都被某个素数的平方整除.

（第 15 届普特南数学竞赛，1944 年）

这个题目的 1 000 000 并不是关键，可以证明更强的命题：存在 n 个相继的正整数，使得每一个都含有重复的素因子.

事实上，如果存在 n 个相继的正整数

$$m+1,m+2,\cdots,m+n$$

那么，本题的目标就是证明 $m\equiv -i \pmod{p_i^2}$ 有解，而这就是孙子定理.

解法 1 令 $p_1, p_2, \cdots, p_n$ 是 n 个相异素数，由孙子定理，则同余方程组

$$\begin{cases} x \equiv -1 \pmod{p_1^2} \\ x \equiv -2 \pmod{p_2^2} \\ \quad \vdots \\ x \equiv -n \pmod{p_n^2} \end{cases}$$

有解. 设这个解为 m，则 n 个相继整数 $m+1, m+2, \cdots, m+n$ 中的每一个都能被某个素数的平方整除.

这个证明相当简洁，如果不采用孙子定理，而用数学归纳法证明此题则显得冗繁. 下面是用数学归纳法证明本题的过程，大家不妨对两个证法做一比较.

解法 2 当 $n=1$ 时，只要取一个素数的平方，比如 4，则 $n=1$ 时，命题成立.

假设 $n=k$ 时命题成立，即有 k 个相继整数 $m+1, m+2, \cdots, m+k$，它们分别含有重复的素因子 $p_1, p_2, \cdots, p_k$. 那么，任取一个与 $p_1, p_2, \cdots, p_k$ 都不同的素数 p_{k+1}，当 $t=1,2,\cdots,p_{k+1}^2$ 时，考察下面的 p_{k+1}^2 个数

$$tp_1^2p_2^2\cdots p_k^2+m+k+1 \tag{5}$$

这 p_{k+1}^2 个数中任两数差是形如 $\alpha p_1^2p_2^2\cdots p_k^2 (1 \leqslant \alpha \leqslant p_{k+1}^2-1)$ 的数，这些数都不能被 p_{k+1}^2 整除. 于是，式(5)中的数除以 p_{k+1}^2 得到的余数两两不同. 因此，一定存在一个数 $t_0 (1 \leqslant t_0 \leqslant p_{k+1}^2)$，使得

$$p_{k+1}^2 \mid (t_0 p_1^2p_2^2\cdots p_k^2+m+k+1)$$

从而，$t_0 p_1^2p_2^2\cdots p_k^2+m+1, t_0 p_1^2p_2^2\cdots p_k^2+m+2, \cdots, t_0 p_1^2p_2^2\cdots p_k^2+m+k, t_0 p_1^2p_2^2\cdots p_k^2+m+k+1$ 分别能被 $p_1^2, p_2^2, \cdots, p_k^2, p_{k+1}^2$ 整除，即都含有重复因子. 于是命题对 $n=k+1$ 成立.

故对所有自然数 n，命题成立.

与上面这个题目类似的有下面的题目：

例 10　求证：对任何正整数 n，存在 n 个相继的正整数，它们都不是素数的正整数幂.

（第 30 届 IMO 试题，1988 年）

分析　事实上，如果能证明存在 n 个相继的正整数，它们中的每一个都能被至少两个不同素数的乘积整除，显然这 n 个相继的正整数就都不是素数的正整数幂. 这样，例 10 不过是例 9 的一个变化而已.

证明　取 $2n$ 个不同的素数

$$p_1, p_2, \cdots, p_n; q_1, q_2, \cdots, q_n$$

则由孙子定理，同余方程组

$$\begin{cases} x \equiv -1 \pmod{p_1 q_1} \\ x \equiv -2 \pmod{p_2 q_2} \\ \quad \vdots \\ x \equiv -n \pmod{p_n q_n} \end{cases}$$

有解. 设此解为 m，则 $m+1, m+2, \cdots, m+n$ 是 n 个相继的正整数，它们中的每一个都至少含有两个不同的素因数. 因而，每一个都不是素数的正整数幂.

例 11　设 m, n 是自然数，满足：对任意自然数 k，$11k-1$ 与 m 和 $11k-1$ 与 n 具有相同的最大公约数. 证明：存在某个整数 l，使 $m=11^l n$.

分析　证明 $m=11^l n$，就相当于证明 $\frac{m}{n}=11^l$. 这就说明，当 m 具有 $11^i p$ 的形式，n 具有 $11^j q$ 的形式时，只要 $p=q$ 就可得到要证的结果.

证明　设 $m=11^i p, n=11^j q$，其中 i, j 为非负整数，p 和 q 均不能被 11 整除.

若 $p \neq q$，不妨设 $p>q$.

因为$(p,11)=1$，则由孙子定理，存在正整数 a，使得

$$\begin{cases}a\equiv 0(\bmod p)\\a\equiv -1(\bmod 11)\end{cases}$$

成立. 于是，$a=11k-1$ 能被 p 整除. 下面计算 $11k-1$ 与 m 及 $11k-1$ 与 n 的最大公约数

$$(11k-1,m)=(a,11^{i}p)=p$$

$$(11k-1,n)=(a,11^{j}q)\leqslant q<p$$

从而与已知条件$(11k\quad 1,m)=(11k-1,n)$矛盾.

因此，$p=q$. 所以 $m=11^{i-j}n$，即 $l=i-j$.

例 12 是否存在 21 个相继的正整数，其中每一个数均至少可被一个不小于 2、不大于 13 的素数整除？

（第 15 届美国数学奥林匹克，1986 年）

解 设这 21 个相继的正整数为

$$N-10,N-9,N-8,\cdots,N-1,N,N+1,\cdots,N+10$$

如果 $N=2\times 3\times 5\times 7k$，那么

$$N-10,\cdots,N-2,N,N+2,\cdots,N+10$$

中的每一个都至少被 2，3，5，7 中的一个整除.

下面设法使 $N-1$ 能被 11 整除，$N+1$ 能被 13 整除，这样本题就可得证.

由于 $2\times 3\times 5\times 7$，11，13，这三个数两两互素，由孙子定理知，同余方程组

$$\begin{cases}x\equiv 0(\bmod 2\times 3\times 5\times 7)\\x\equiv 1(\bmod 11)\\x\equiv -1(\bmod 13)\end{cases}$$

有解. 设这个解为 N，则 $N-1$，$N+1$ 分别能被 11 和 13 整除.

于是,由此得到的21个相继正整数即为所求.

可以求出这样的 $N=2\times3\times5\times7(474+11\times 13t)$,$t$ 为整数.当 $t=0$ 时,得到的21个数是

$$99\,530,99\,531,\cdots,99\,549,99\,550$$

例13　设 $f(n)\in\mathbf{N}$ 是使 $\sum\limits_{k=1}^{f(n)}k$ 能被 n 整除的最小数.证明:当且仅当 $n=2^m$(m 为非负整数)时,$f(n)=2n-1$.

(美国纽约数学奥林匹克,1976年)

证明　(1)首先证明:当 $n=2^m$ 时,$f(n)=2n-1$ 是使 $\sum\limits_{k=1}^{f(n)}k$ 能被 n 整除的最小数.

当 $f(n)=2n-1$ 时,有

$$\sum_{k=1}^{2n-1}k=n(2n-1)$$

所以,$\sum\limits_{k=1}^{2n-1}k$ 能被 n 整除.

当 $l\leqslant 2n-2$ 时,由于 $\sum\limits_{k=1}^{l}k=\dfrac{l(l+1)}{2}$,$l$ 和 $l+1$ 中有一个是奇数,而一个不超过 $2n-1=2^{m+1}-1$ 不能被 2^{m+1} 整除,因此 $\dfrac{l(l+1)}{2}$ 不能被 $n=2^m$ 整除.

于是,$f(n)=2n-1$ 是使 $\sum\limits_{k=1}^{f(n)}k$ 能被 n 整除的最小数.

(2)证明:若 $f(n)$ 是使 $\sum\limits_{k=1}^{f(n)}k$ 能被 n 整除的最小数,则 $n=2^m$,$f(n)=2n-1$.这等价于若 n 不是2的方幂,即 $n=2^mp$(m 为非负整数,p 为奇数),则存在小于

$2n-1$ 的数 l 使得 $\sum_{k=1}^{l} k$ 能被 n 整除. 由于$(2^{m+1},p)=1$,则由孙子定理知,同余方程组

$$\begin{cases} l \equiv 0 (\bmod 2^{m+1}) \\ l \equiv p-1 (\bmod p) \end{cases}$$

有解. 则此解满足 $0 < l \leqslant 2^{m+p} = 2n$.

再证明 $l \neq 2n-1, l \neq 2n$.

若 $l = 2n-1 = 2^{m+1}p-1$,则 $2^{m+1} \nmid l$.

若 $l = 2n = 2^{m+1}p$,则 $p \mid (l+1)$.

于是,$l < 2n-1$. 因此同余方程组的解 l 满足 $2^{m+1} \mid l$, $p \mid (l+1)$, 因而,$2^m p \left| \frac{l(l+1)}{2} = 2^m p \right| \sum_{k=1}^{l} k$,即存在小于$2n-1$ 的数使 $\sum_{k=1}^{l} k$ 能被 $n = 2^m$ 整除.

例 14 能否找到含有 1 990 个自然数的集合 S,使得

(1)S 中任意两数互素;

(2)S 中任意 $k(\geqslant 2)$个数的和是合数.

(中国国家集训队模拟考试,1990 年)

分析 显然,$S'=\{5,4,21\}$满足题目的所有条件. 如果能以此为基础再生成一个元素,使得增加一个元素后,4 个元素的集合也符合条件. 再以这 4 个元素为基础,生成第 5 个元素,这样继续下去就可以得到题目要求的 1 990 个元素了.

证明 设已有自然数集合

$$S'=\{a_1, a_2, \cdots, a_n\}$$

且 S'中任意两数互素,任意 $k(2 \leqslant k \leqslant n)$个数的和为合数. 记 $M = \prod_{i=1}^{n} a_i$,取 2^n-1 个与 M 互素的素数 $p_j(1 \leqslant$

$j\leqslant 2^n-1$)，并设由 $a_1,a_2,\cdots,a_n$ 中每次取 $k(1\leqslant k\leqslant n)$ 个数的和(这样的和共有 $C_n^1+C_n^2+\cdots+C_n^n=2^n-1$ 个)为 $S_j(j=1,2,\cdots,2^n-1)$.

由孙子定理，同余方程组

$$\begin{cases}Mx+1+S_1\equiv 0(\mathrm{mod}\ p_1^2)\\ Mx+1+S_2\equiv 0(\mathrm{mod}\ p_2^2)\\ \qquad\vdots\\ Mx+1+S_{2^n-1}\equiv 0(\mathrm{mod}\ p_{2^n-1}^2)\end{cases}$$

有正整解. 设此解为 t，记

$$a_{n+1}=Mt+1=a_1a_2\cdots a_nt+1$$

则 $a_1,a_2,\cdots,a_n,a_{n+1}$ 两两互素，且任意 $k(2\leqslant k\leqslant n+1)$ 个数的和为合数.

于是，在 S' 的基础上增加了一个元素 a_{n+1} 得到 $n+1$ 个元素的集合符合题设条件. 由此可得到任意一个自然数的集合 S.

以上这些例题都是证明存在某些个自然数，这些自然数满足一定的整除或以某数为模的余数的条件. 这样就可以构造同余方程组，只要此方程组有解，则题目获得解决. 这就是孙子定理的功劳.

例 15　是否存在无穷多个正整数 k，使得 $k\cdot 2^n+1$ 对每个正整数 n 都是合数?

(中国国家集训队测试，2007 年)

解法 1　设 $i>j$，显然

$$(2^{2^j}+1)\mid(2^{2^i}-1)$$

所以，对于 $i\geqslant 0$，费马数 $f_i=2^{2^i}+1$ 两两互素.

令 p_i 是 $2^{2^i}+1$ 的一个质因子，则对于每个具有形式 $2^i\cdot q$，q 为奇数的 n

$$2^n=2^{2^i\cdot q}\equiv -1(\mathrm{mod}\ p_i)$$

进而对 $k\equiv 1(\mathrm{mod}\ p_i)$，有

$$p_i\mid(2^n\cdot k+1)$$

而对于每个具有形式 $2^i\cdot q$ 的 n，其中 q 为偶数

$$2^n=2^{2^i\cdot q}\equiv 1(\mathrm{mod}\ p_i)$$

进而对 $k\equiv 1(\mathrm{mod}\ p_i)$，有

$$p_i\mid(2^n\cdot k+1)$$

对 $i=0,1,2,3,4$，令 p_i 是 $2^{2^i}+1$ 的质因子，p,q 是 $2^{32}+1$ 的两个不同的质因子(即 641 和 6 700 417).

根据中国剩余定理，我们选取 k，使对 $i=0,1,2,3,4$，$k\equiv 1(\mathrm{mod}\ p_i)$，$k\equiv 1(\mathrm{mod}\ p)$，以及 $k\equiv -1(\mathrm{mod}\ q)$.

令 i 是满足 $2^i\mid n$ 的最大整数，则由上可知，当 $i=5$ 时，$p\mid(2^n\cdot k+1)$；当 $i<5$ 时，$p_i\mid(2^n\cdot k+1)$；对 $i>5$，因为 $k\equiv -1(\mathrm{mod}\ q)$，所以有

$$q\mid(2^n\cdot k+1)$$

因此，我们选取充分大的 k，则 $2^n\cdot k+1$ 对所有 $n\in\mathbf{N}$ 是合数.

解法 2 注意到

$$2^2\equiv 1(\mathrm{mod}\ 3),2^4\equiv 1(\mathrm{mod}\ 5)$$

$$2^3\equiv 1(\mathrm{mod}\ 7),2^{12}\equiv 1(\mathrm{mod}\ 13)$$

$$2^8\equiv 1(\mathrm{mod}\ 17),2^{24}\equiv 1(\mathrm{mod}\ 241)$$

利用中国剩余定理，我们选取 k，使得

$$2k\equiv -1(\mathrm{mod}\ 3),2^4k\equiv -1(\mathrm{mod}\ 5)$$

$$2^2k\equiv -1(\mathrm{mod}\ 7),2^6k\equiv -1(\mathrm{mod}\ 13)$$

$$2^{10}k\equiv -1(\mathrm{mod}\ 17),2^{22}k\equiv -1(\mathrm{mod}\ 241)$$

对这样的正整数 k，我们有如表 1 所示的结果，其中 n 对 mod 24，p 为相应的数 $2^n\cdot k+1$ 的质因子.

表 1

n	1	2	3	4	5	6	7	8
p	3	7,17	3	5	3,7	13	3	5,7
n	9	10	11	12	13	14	15	16
p	3	17	3,7	5	3	7	3	5
n	17	18	19	20	21	22	23	24
p	3,7	13,17	3	5,7	3	241	1,7	5

解法 3　首先证明每一个正整数 n,至少适合下列一组同余式中的一个同余式(这样的一组同余式称为覆盖同余式).

$$n\equiv 1 \pmod 2 \tag{6}$$

$$n\equiv 1 \pmod 3 \tag{7}$$

$$n\equiv 2 \pmod 4 \tag{8}$$

$$n\equiv 4 \pmod 8 \tag{9}$$

$$n\equiv 0 \pmod{12} \tag{10}$$

$$n\equiv 8 \pmod{24} \tag{11}$$

事实上,如果 n 为奇数,那么它适合式(6);如果 n 为偶数但不是 4 的倍数,那么它适合式(8);如果 n 为 4 的倍数,但不是 8 的倍数,那么它适合式(9);如果 n 为 8 的倍数,设 $n=8m$,当 m 是 3 的倍数时,那么 n 适合式(10);当 m 除以 3 余 1 时,那么 n 适合式(11);当 m 除以 3 余 2 时,那么 n 适合式(7),于是 n 至少适合同余式(6)~(11)中的一个.

注意到

$$2^2\equiv 1 \pmod 3,\ 2^3\equiv 1 \pmod 7$$

$$2^4\equiv 1 \pmod 5,\ 2^8\equiv 1 \pmod{17}$$

$$2^{12}\equiv 1 \pmod{13},\ 2^{24}\equiv 1 \pmod{241}$$

当 n 适合式(6)时,即 $n=2m+1$,则

$$k\cdot 2^n+1=k\cdot 2^{2m+1}+1=2k\cdot 2^{2m}+1=$$
$$2k+1(\mathrm{mod}\ 3)$$

同样,当 n 适合式(7)～(11)时,分别有

$$k\cdot 2^n+1\equiv 2k+1(\mathrm{mod}\ 7)$$
$$k\cdot 2^n+1\equiv 4k+1(\mathrm{mod}\ 5)$$
$$k\cdot 2^n+1\equiv 16k+1(\mathrm{mod}\ 17)$$
$$k\cdot 2^n+1\equiv k+1(\mathrm{mod}\ 13)$$
$$k\cdot 2^n+1\equiv 256k+1(\mathrm{mod}\ 241)$$

因此,只要 k 适合下面的同余方程组

$$2k+1\equiv 0(\mathrm{mod}\ 3)$$
$$2k+1\equiv 0(\mathrm{mod}\ 7)$$
$$4k+1\equiv 0(\mathrm{mod}\ 5)$$
$$16k+1\equiv 0(\mathrm{mod}\ 17)$$
$$k+1\equiv 0(\mathrm{mod}\ 13)$$
$$256k+1\equiv 0(\mathrm{mod}\ 241)$$

则 $k\cdot 2^n+1$ 至少被 3,7,5,17,13,241 中的某一个整除,从而 $k\cdot 2^n+1$ 为合数.

但上述同余方程组等价于

$$k\equiv 1(\mathrm{mod}\ 3)$$
$$k\equiv 3(\mathrm{mod}\ 7)$$
$$k\equiv 1(\mathrm{mod}\ 5)$$
$$k\equiv 1(\mathrm{mod}\ 17)$$
$$k\equiv -1(\mathrm{mod}\ 13)$$
$$k\equiv 16(\mathrm{mod}\ 241)$$

由于 3,7,5,17,13,241 都是素数,根据中国剩余定理(即孙子定理),上述同余方程组一定有解.因而一定存在正整数 k,使得 $k\cdot 2^n+1$ 对每一个 n 都是合数

(具体地可以算出 $k=1\ 207\ 426+5\ 592\ 405m$,其中 m 为非负整数).

例 16　已知正整数 $n(n>1)$,设 p_n 是所有小于 n 的正整数 x 的乘积,其中 x 满足 n 整除 x^2-1,对于每一个 $n>1$,求 p_n 除以 n 的余数.

(第 45 届国际数学奥林匹克,2004 年)

解　如果 $n=2$,则 $p_n=1$,$p_n\equiv 1\pmod 2$.

假设 $n>2$,设 X_n 是同余方程

$$x^2\equiv 1\pmod n$$

在集合$\{1,2,\cdots,n-1\}$中的解集.

则当 $x_1\in X_n$,$x_2\in X_n$ 时,$x_1x_2\in X_n$,且 X_n 中的元素与 n 互质.

当 $n>2$ 时,1 和 $n-1$ 都是 X_n 的元素.如果是 X_n 中仅有的两个元素,则它们的乘积 $1\cdot(n-1)\equiv -1\pmod n$.

假设 X_n 中的元素多于两个,取 $x_1\in X_n$ 且 $x_1\neq 1$.设集合 $A_1=\{1,x_1\}$,则 X_n 中除了 A_1 之外还有其他元素,设 x_2 为其中的一个.设

$$A_2=A_1\cup\{x_2,x_1x_2\}=\{1,x_1,x_2,x_1x_2\}$$

在本解答中,所有的乘积都是在 mod n 意义上的剩余,于是 A_2 在乘法意义上是封闭的,有 $2^2=4$ 个元素.

假设对于某个 $k>1$,定义了 X_n 的一个有 2^k 个元素的子集 A_k,且在乘法意义上是封闭的.

考察 X_n 中是否还有不属于 A_k 的元素,若有,则取一个 x_{k+1},定义

$$A_{k+1}=A_k\cup\{xx_{k+1}\mid x\in A_k\}$$

由于 A_k 与$\{xx_{k+1}\mid x\in A_k\}$的交集是空集,所以

$A_{k+1} \subset X_n$，且有 2^{k+1} 个元素，同时 A_{k+1} 在乘法意义上是封闭的. 又因为 X_n 是有限集，则存在正整数 m，使得 $X_n = A_m$.

由于 A_2 中的元素的乘积（在 mod n 的意义上）等于 1，又由 $A_k(k>2)$ 的定义可知，A_k 的元素的乘积（在 mod n 的意义上）也等于 1.

特别地，$A_m = X_n$ 中的元素的乘积（在 mod n 的意义上）同样等于 1，即有

$$p_n \equiv 1 \pmod{n}$$

下面分情况考虑 X_n 中的元素的个数.

假设 $n=ab$，其中 $a>2, b>2$，且 $(a,b)=1$.

由中国剩余定理，存在整数 x, y 满足

$$\begin{cases} x \equiv 1 \pmod{a} \\ x \equiv -1 \pmod{b} \end{cases}$$

和

$$\begin{cases} y \equiv -1 \pmod{a} \\ y \equiv 1 \pmod{b} \end{cases}$$

由此可以取 x, y 满足 $1 \leqslant x, y < ab = n$.

因为 $x^2 \equiv 1 \pmod{n}$，$y^2 \equiv 1 \pmod{n}$，所以 $x, y \in X_n$.

又 $a>2, b>2, n>2$，则 $1, x, y$ 对 mod n 的余数两两不同，所以 X_n 中有两个以上的元素.

同理，如果 $n=2^k(k>2)$，则 $1, 2^k-1, 2^{k-1}+1$ 是 X_n 中三个不同的元素.

剩下的情形是 X_n 中恰有两个元素.

当 $n=4$ 时，X_n 中恰有两个元素 1 和 3.

假设 $n=p^k$，其中 p 是奇质数，k 为正整数. 因为 $x-1$和 $x+1$ 的最大公约数与 n 互质，由 $x^2 \equiv 1 \pmod{n}$

可得

$$x\equiv 1(\bmod n)\text{或 }x\equiv -1(\bmod n)$$

所以 X_n 中只有两个元素 1 和 $n-1$.

同理,当 $n=2p^k$ 时,也有同样的结论.

综上所述,当 $n=2,n=4,n=p^k,n=2p^k$ 时,X_n 只包含两个元素 1 和 $n-1$(这里的 p 是奇质数,k 是正整数).

这时 $p_n=n-1\equiv -1(\bmod n)$.

在其他情况下,X_n 的元素多于两个,有 $p_n\equiv 1(\bmod n)$.

例 17　设 $m=2\,007^{2\,008}$.问:有多少个正整数 n,使得 $n<m$,且 $n(2n+1)(5n+2)$可以被 m 整除?

(越南数学奥林匹克,2008 年)

解　$m=2\,007^{2\,008}=3^{4\,016}\times 223^{2\,008}$.

记 $m_1=3^{4\,016},m_2=223^{2\,008}$.

则 $m_1,m_2,2$ 两两互质.

又$(n,2n+1)=(2n+1,5n+2)=1$及$(n,5n+2)=1$或 2.

于是,若

$$m=m_1m_2\mid 2(2n+1)(5n+2)$$

则

$$\begin{cases}a_1n+b_1\equiv 0(\bmod m_1)\\ a_2n+b_2\equiv 0(\bmod m_2)\end{cases}\tag{12}$$

其中,$(a_1,b_1),(a_2,b_2)\in\{(1,0),(2,1),(5,2)\}$.

无论 a_1,a_2 如何取值,都与 m_1,m_2 互质,故方程(12)等价于

$$\begin{cases}n\equiv c_1(\bmod m_1)\\ n\equiv c_2(\bmod m_2)\end{cases}\tag{13}$$

其中，c_1, c_2 的取法分别由(a_1, b_1, m_1)与(a_2, b_2, m_2)唯一确定.

由中国剩余定理知，方程(13)有唯一解

$$n \equiv m_2\alpha_1c_1 + m_1\alpha_2c_2 \pmod{m_1m_2}$$

其中，α_1, α_2 是使

$$\begin{cases} m_2\alpha_1 \equiv 1 \pmod{m_1} \\ m_1\alpha_2 \equiv 1 \pmod{m_2} \end{cases}$$

成立的正整数. 故

$$n \equiv m_2\alpha_1c_1 + m_1\alpha_2c_2 \pmod{m}$$

因此，对每一组(a_1, b_1)与(a_2, b_2)唯一确定(c_1, c_2)，也唯一确定了 $n<m$.

注意到(a_1, b_1)，(a_2, b_2)这样的一组有序对有 $3\times 3=9$ 组，但当$(a_1, b_1)=(a_2, b_2)=(1, 0)$时，$n\equiv 0 \pmod{m}$，$n=0$ 不是整数解，故确定了共 8 个正整数解.

即有 8 个符合题目条件的正整数 n.

$$p_k^{p_k^4-1} \equiv 1 \pmod{5^2}$$

$$p_k^{p_k^4-1} \equiv 1 \pmod{17}$$

因此

$$p_k^{p_k^4-1} \equiv 1 \pmod{2\ 550}$$

下面考虑 $p_k=2, 3, 5, 17$ 的情况：

由于所求和式从 $k=2$ 开始，所以不同于研究 $p_1=2$的情形.

又知 $3=p_2, 5=p_3, 17=p_7$.

记 $A=p_2^{p_2^4-1}, B=p_3^{p_3^4-1}, C=p_7^{p_7^4-1}$. 经计算得

$$\begin{cases} A \equiv 1, 0, 1, 1 \pmod{2, 3, 5^2, 17} \\ B \equiv 1, 1, 0, 1 \pmod{2, 3, 5^2, 17} \\ C \equiv 1, 1, 1, 0 \pmod{2, 3, 5^2, 17} \end{cases}$$

因此

$$A+B+C=2(\bmod 3,5^2,17)$$

$$A+B+C\equiv 1(\bmod 2)$$

又由中国剩余定理知

$$A+B+C\equiv 2+3\times 5^2\times 17(\bmod 2\times 3\times 5^2\times 17)$$

于是

$$\sum_{k=2}^{2\,550} p_k^{p_k^4-1}\equiv(2+3\times 5^2\times 17)+(2\,550-4)\equiv 1\,273(\bmod 2\,550)$$

例 18　对于每个正整数 n，A_n 表示由正整数组成的集合，其中元素 a 满足

$$a\leqslant n, n\mid(a^n+1)$$

(1)求所有正整数 n，使得 A_n 非空；

(2)求所有正整数 n，使得 $|A_n|$ 是非零的，且为偶数；

(3)是否存在正整数 n，使得 $|A_n|=130$?

(意大利国家队选拔考试，2006 年)

解　(1)若 $4\mid n$，则 $a^n+1\equiv 1$ 或 $2(\bmod 4)$，从而 $n\nmid(a^n+1)$.

若 $2\nmid n$，则当 $a=n-1$ 时

$$(n-1)^n+1\equiv(-1)^n+1\equiv 0(\bmod n)$$

所以 n 为奇数时满足条件.

若 $2\parallel n$，且存在质数 $p\mid n$，$p\equiv 3(\bmod 4)$，由 $a^2\equiv 0,1(\bmod 4)$，则对任意的 a，都有 $p\nmid(a^2+1)$，因而 $n\nmid(a^n+1)$.

若对任意奇质数 $p\mid n$，且 $p\equiv 1(\bmod 4)$.

我们证明：存在整数 a，使得

$$p^\alpha\mid(a^{2p^{\alpha-1}}+1) \qquad (14)$$

显然,存在 a,使得 $p|(a^2+1)$,对 α 归纳.

当 $\alpha=1$ 时,由 $p|(a^2+1)$,式(14)成立.

假设当 $\alpha=k$ 时,式(14)成立.

当 $\alpha=k+1$ 时

$$\frac{a^{2p^k}+1}{a^{2p^{k-1}}+1}=\frac{1-(-a^2)^{p^k}}{1-(-a^2)^{p^{k-1}}}=1+(-a^2)^{p^{k-1}}+(-a^2)^{2p^{k-1}}+\cdots+(-a^2)^{(p-1)p^{k-1}}$$

又

$$p|(a^2+1)$$

则

$$(-a^2)^{p^{k-1}}\equiv 1(\bmod p)$$

所以

$$p\left|\frac{a^{2p^k}+1}{a^{2p^{k-1}}+1}\right.$$

又由归纳假设

$$p^k|(a^{2p^{k-1}}+1)$$

则

$$p^{k+1}|(a^{2p^k}+1)$$

设 $m=\prod\limits_{i=1}^{k}p_i^{\alpha_i}$,则存在 a,使得

$$p_i|(a^2+1)\quad(i=1,2,\cdots,k)$$

从而

$$\frac{n}{2}\left|(a^n+1)\right.$$

因而

$$n|(a^n+1)$$

或

$$n\left|\left[\left(a\pm\frac{n}{2}\right)^n+1\right]\right.$$

于是，当 $n=2\prod_{i=1}^{k}p_i^{\alpha_i}$ 且 $p_i\equiv 1(\bmod 4)$，$\alpha_i\geqslant 1$ 时满足条件.

由以上知，当 n 为奇数，或 $n=2\prod_{i=1}^{k}p_i^{\alpha_i}$，且 $p_i\equiv 1(\bmod 4)$，$\alpha_i\geqslant 1$ 时 A_n 非空.

(2)若 n 为奇数，设 $b=n-a$，则

$$n\mid(a^n+1)\Leftrightarrow n\mid(b^n+1)$$

设

$$n=\sum_{i=1}^{k}p_i^{\alpha_i},(n,p_i-1)=d_i$$

由费马小定理，得

$$p_i\mid(b_i^{p_i-1}-1)$$

所以，若 $n\mid(b^n-1)$，则有 $p_i\mid(b^n-1)$，即 $p_i\mid(b^{d_i}-1)$. 又由 $p_i\mid(b^{d_i}-1)$可推出

$$b^{d_i}=kp_i+1\quad(k\in\mathbf{Z})$$

进而有

$$b^{d_ip_i^{\alpha_i-1}}-1=(kp_i+1)^{p_i^{\alpha_i-1}}-1=\sum_{j=1}^{p_i^{\alpha_i-1}}\mathrm{C}_{p_i^{\alpha_i-1}}^{j}(kp_i)^j$$

显然，当 $j\geqslant 2$ 时，$\mathrm{C}_{p_i^{\alpha_i-1}}^{j}$ 中 p_i 的次数大于等于 α_i-2；当 $j=1$ 时，$\mathrm{C}_{p_i^{\alpha_i-1}}^{j}=p_i^{\alpha_i-1}$. 从而

$$p_i\mid(b^{d_i}-1)\Rightarrow p_i^{\alpha_i}\mid(b^{d_ip_i^{\alpha_i-1}}-1)\Rightarrow p_i^{\alpha_i}\mid(b^n-1)$$

因此，$p_i^{\alpha_i}\mid(b^n-1)\Leftrightarrow p_i\mid(b^{d_i}-1)$，其中后者在 $\bmod p_i$ 中有 α_i 个解.

所以，同余式

$$b^n\equiv 1(\bmod p_i^{\alpha_i})$$

有 $d_ip_i^{\alpha_i-1}$ 个解.

由中国剩余定理的推广可知

$$b^n \equiv 1 (\bmod n)$$

有 $\prod_{i=1}^{k} d_i p_i^{\alpha_i - 1}$ 个解,这是一个奇数.

若 $2 \parallel n, n \mid (a^n + 1)$,则 $n \mid [(n-a)^n + 1]$.

若 $n > 2$,则 $\mid A_n \mid$ 为偶数.

若 $n = 2$,则 $\mid A_n \mid$ 为奇数.

(3) 我们证明不存在 $n \in \mathbf{N}_+$,使得 $\mid A_n \mid = 130$.

设 $n = 2\prod_{i=1}^{k} p_i^{\alpha_i}, n = 2t$,则

$$p_i^{\alpha_i} \mid [(-a^2)^t - 1]$$

从而

$$p_i \mid [(-a^2)^{\prod_{j \neq i} p_j^{\alpha_j}} - 1]$$

上式中 $a(\bmod p_i)$的解有偶数个.

又 $2 \parallel 130$,有 $k=1$,从而 $n=2p^{\alpha}$.

若 $\alpha \geqslant 3$,则 $p^2 \mid 130$,矛盾,所以 $\alpha \leqslant 2$.

若 $\alpha=2$,则 $p \mid 130$,从而 $p=5$ 或 13.

当 $p=5$ 时,$n=2\times 5^2=50<130$,矛盾.

当 $p=13$ 时,$n=2\times 13^2=338$,有

$$13^2 \mid (a^{338}+1) \Rightarrow 13(a^2+1)$$

有 $2\times 13=26$ 个解,与 $\mid A_n \mid=130$ 矛盾.

若 $\alpha=1, 2p \mid (a^{2p}+1)$,从而

$$p \mid (a^{2p}+1) \Rightarrow p \mid (a^2+1)$$

有 2 个解.

也出现矛盾.

所以不存在 $n \in \mathbf{N}_+$,使 $\mid A_n \mid=130$.

例 19 拉里和罗布是由阿尔高开往齐利斯的一辆汽车上的两个机器人,两个机器人按如下规则操纵汽车的方向:

从起点开始，拉里在每行驶 l km 后使汽车左转 90°，而罗布在每行驶 r km 后使汽车右转 90°（l,r 是互质的正整数）．若两个方向的转向同时进行，则汽车沿原方向行驶．

假定地面是平的，且汽车可以任意转向．

开始时，汽车由阿尔高正对齐利斯开出．

试问：对于怎样的(l,r)，无论两地之间有多远，总可以使得汽车到达齐利斯？

（第21届亚太地区数学奥林匹克，2009年）

解　设阿尔高与齐利斯之间的距离为 s km（s 为正实数）．

为方便计算，设阿尔高位于$(0,0)$，齐利斯位于$(s,0)$．由题设，开始时，汽车向东行驶．

考虑汽车在开出后，每 lr km 的行驶情形，将每个所行驶的这样的 lr km 路程看成一个路段．显然，在每个路段中，除开始的方向之外，汽车均有相同的行驶状况．

汽车行驶有下列4种情形：

第1种情形：$l-r\equiv 2 \pmod 4$．

在第一个路段上，汽车进行了 $l-1$ 次右转和 $r-1$ 次左转，总效果是 $2(\equiv l-r \pmod 4)$ 次右转．

设第一个路段的位移向量是(x,y)，由汽车转了180°知，第二个路段的位移向量应为$(-x,-y)$，这使得该汽车回到了$(0,0)$，并向东行驶，即回到了初始状态．

显然，在此情形中，汽车从阿尔高驶出的距离不会超过 lr km．若 $s>lr$，汽车将无法从阿尔高到达齐利斯．

第2种情形：$l-r\equiv 1 \pmod 4$．

在第一个路段转弯的效果是1次右转．

设第一个路段的位移向量是(x,y)，则由汽车按顺时针转了 90°知,第二、第三和第四路段的位移向量是$(y,-x)$,$(-x,-y)$和$(-y,x)$.

从而,在四个路段后,该汽车回到了$(0,0)$,并向东行驶,即回到了初始状态.

显然,在此情形中,汽车从阿尔高驶出的距离不会超过 lr km. 若 $s>2lr$,汽车将无法从阿尔高到达齐利斯.

第 3 种情形:$l-r\equiv3(\bmod 4)$.

进行类似于第 2 种情形的讨论(只要将左转与右转互换即可)知,若 $s>2lr$,汽车将无法从阿尔高到达齐利斯.

第 4 中情形:$l-r\equiv0(\bmod 4)$.

在每个路段中,都相当于汽车没有转弯,即一直向东行驶,汽车能够从阿尔高到达齐利斯.

接下来证明:在行驶过第一个路段后,汽车将位于$(1,0)$.

引入复平面,将(x,y)对应于 $x+y\mathrm{i}$.

记第 k km 次汽车的运动为$\{1,\mathrm{i},-1,-\mathrm{i}\}$中的值.

于是只要证明$\sum\limits_{k=0}^{lr-1}m_k=1$.

(1)$l\equiv r\equiv1(\bmod 4)$.

对 $k=0,1,2,\cdots,lr-1$,$\left[\frac{k}{l}\right]$和$\left[\frac{k}{r}\right]$分别是在第 $k+1$ km 之前左转弯和右转弯的次数. 于是

$$m_k=\mathrm{i}^{\left[\frac{k}{l}\right]}(-\mathrm{i})^{\left[\frac{k}{r}\right]}$$

设 $a_k\equiv k(\bmod l)$,$b_k\equiv k(\bmod r)$,则由

$$a_k=k-\left[\frac{k}{l}\right]l\equiv k-\left[\frac{k}{l}\right](\bmod 4)$$

$$b_k=k-\left[\frac{k}{r}\right]l\equiv k-\left[\frac{k}{r}\right](\bmod 4)$$

即

$$\left[\frac{k}{l}\right]\equiv k-a_k(\bmod 4),\left[\frac{k}{r}\right]\equiv k-b_k(\bmod 4)$$

于是

$$m_k=\mathrm{i}^{\left[\frac{k}{l}\right]}(-\mathrm{i})^{\left[\frac{k}{r}\right]}=\mathrm{i}^{k-a_k}(-\mathrm{i})^{k-b_k}=$$
$$(-\mathrm{i}^2)^k\mathrm{i}^{-a_k}(-\mathrm{i})^{-b_k}=(-\mathrm{i})^{a_k}\cdot\mathrm{i}^{b_k}$$

由$(l,r)=1$,根据孙子定理,对每个$k=1,2,\cdots,lr-1$,存在

$$a_k\equiv k(\bmod l),b_k\equiv k(\bmod r)$$

结合$l\equiv r\equiv 1(\bmod 4)$,有

$$\sum_{k=0}^{lr-1}m_k=\sum_{k=0}^{lr-1}(-\mathrm{i})^{a_k}\times\mathrm{i}^{b_k}=\left(\sum_{k=0}^{l-1}(-\mathrm{i})^{a_k}\right)\left(\sum_{k=0}^{r-1}\mathrm{i}^{b_k}\right)=$$
$$1\times 1=1$$

(2)$l\equiv r\equiv 3(\bmod 4)$.

此时,$m_k=\mathrm{i}^{a_k}(-\mathrm{i})^{b_k}$,其中$a_k\equiv k(\bmod l)$,$b_k\equiv k(\bmod r)$,$k=0,1,2,\cdots,lr-1$.

类似(1)的讨论,并由$l\equiv r\equiv 3(\bmod 4)$得

$$\sum_{k=0}^{lr-1}m_k=\sum_{k=0}^{lr-1}\mathrm{i}^{a_k}(-\mathrm{i})^{b_k}=\left(\sum_{k=0}^{l-1}\mathrm{i}^{a_k}\right)\left(\sum_{k=0}^{r-1}(-\mathrm{i})^{b_k}\right)=$$
$$(-\mathrm{i})\cdot\mathrm{i}=1$$

显然,在第一个路段上,汽车可遍历从(0,0)到(1,0)连线上的所有的点.

进而,在第n个路段中,汽车也可遍历从$(n-1,0)$到$(n,0)$连线上的所有的点.

因此,对任意正实数s,汽车均可到达$(s,0)$.

综合以上,所求的(l,r)是满足条件$l\equiv r\equiv 1(\bmod 4)$或$l\equiv r\equiv 3(\bmod 4)$的互质的正整数对.

话说祖冲之大衍法

第 2 章

天文数学家祖冲之生于历法世家，早年研习《周髀算经》，“专攻数术[①]，搜炼古今”．他不仅计算了圆周率的上、下限：3.141 592 7，3.141 592 6，给出密率$\frac{355}{113}$，还撰写了先进的《大明历》和历算专著《缀术》．据《隋书》记载，此书“指要精密，算氏之最者”．

唐代数学家李淳风撰写《麟德历》（公元664），还奉敕注释校订了《九章》（今称《九章算术》）《孙子算经》《缀术》等十部算经，皆被列为官学教科书，其中《缀术》的学习年限最长达四年．那时《九章》《缀术》还传入朝鲜、日本等国．可惜《缀术》在北宋天圣、元丰年间（1023～1078）失传了．

值得庆幸的是祖冲之七百年后，秦九韶家中还藏有《缀术》．

---

① 何谓“数术”？班固（32—92）释为：“序四时（春夏秋冬）之位，正分至（春分秋分冬至夏至）之节，会日月五星之辰，以考寒暑杀生之实，……此圣人知命之术也（这是观测天象预报未来的法术）．”（见《汉书·艺文志》数术历谱）

§1　秦九韶传承了《缀术》

秦九韶(1202—1261)“早岁……访习于太史，又尝从隐君子[①]受数学，……历岁遥塞……探索杳渺”，撰写了名著《数书九章》流传至今. 秦氏在该书序中曰：“今数术之书，尚三十余家. 天象历度，谓之缀术；太乙、壬、甲，谓之三式，皆曰内算，言其秘也. 九章所载，即周官九数，……皆曰外算，对内而言也. 其用相通，不可歧二，独大衍法不载九章，未有能推之者，历家演法颇用之，以为方程者误也.”

这就明确地告诉后人，《缀术》是有关天象历度的数术之书，是搞天象预报的太史们内部的学习资料，语言深奥神秘. 大衍法是历算专家经常采用的演算方法. 虽然今天《缀术》逸失了，但是秦九韶“追缀探隐”的心得犹在，是秦九韶的《数书九章》为传承大衍法做出了不朽的贡献！

§2　“大衍求一术”是衍化方阵的方法

《数书九章》开头两卷(大衍类、天时类)通过18个问题的“术、草”，极详细地介绍了秦九韶学习祖冲之大衍法的心得，这为研究中国古代天文历法提供了生

---

① 宋太宗于太平兴国三年(公元978年)开始，对民间私习天文星占者加强了控制和打击，对私造历法者处以极刑. 本是一家的占星术与天文学从此分道而行，趋于衰微. 占星术著作归入“术数”类，极少数占星术士成了隐士.

动具体的珍贵资料.

为了求乘率,祖冲之继承发展了老子的“道生一,一生二,二生三,三生万物.万物负阴而抱阳,冲气以为和”的思想,就像古代人用阴阳“¦|”按二分法衍化为八卦(空间八个卦限)那样,他对 2×2 方阵

天元 1	奇 G
虚空 0	定 m

按“求一术”衍化为一系列方阵.

秦氏在序中赞曰:

“昆崙旁礴,道本虚一,

圣有大衍,微寓于易.”

这衍化的过程隐藏在《数书九章》第三卷第三问“治历演纪”的茫茫算草之中,现将原 6 页的版面精简为下面的 6 行(古书是从右向左排列)

$$\leftarrow\begin{bmatrix}25 & 775\\12 & 1089\end{bmatrix}^{\times 1}\leftarrow\begin{bmatrix}1 & 2953\\12 & 1089\end{bmatrix}_{\times 2}\leftarrow\begin{bmatrix}1 & 2953=G\\0 & 36525=M\end{bmatrix}^{\times 12}$$

$$\leftarrow\begin{bmatrix}99 & 147\\235 & 20\end{bmatrix}_{\times 7}\leftarrow\begin{bmatrix}99 & 147\\37 & 314\end{bmatrix}^{\times 2}\leftarrow\begin{bmatrix}25 & 775\\37 & 314\end{bmatrix}_{\times 2}$$

$$\leftarrow\begin{bmatrix}5467 & 1\\3723 & 6\end{bmatrix}\leftarrow\begin{bmatrix}1744 & 7\\3723 & 6\end{bmatrix}_{\times 1}\leftarrow\begin{bmatrix}1744 & 7\\235 & 20\end{bmatrix}^{\times 2}$$

这里的衍化过程就是按“大衍求一术云:置奇右上,定居右下,立天元一於左上.先以右上除右下,所得商数与左上一相生,入左下.然后乃以右行上下,以少除多,递互除之,所得商数,随即递互累乘,归左行上下.须使右上末後奇一而止,乃验左上所得,以为乘率.”(见《数书九章》)

“左上所得”5467 即为乘率

$$2953\times 5467=16144051\equiv 1 \pmod{36525}$$

我们先将上面的方阵转置叠加改写[7]成为表 2，“秦一左表”就是“大衍求一术”的现代应用形式.“秦一左表”由三个数列构成：

表 2　$\frac{2953}{36525}$秦一左表

i	余数列 r_i	天元列 x_i	商 q_i
0	$36525=m$	虚无 0	0
1	$2953=G$	天元 1	12
2	1089	12	2
3	775	25	1
4	314	37	2
5	147	99	2
6	20	235	7
7	7	1744	2
8	6	3723	1
9	1	5467	5
10	1	31058	1
	0	$m=36525$	

(1)余数列$\{r_i\}$是从定 m，奇 $G(m>G)$单调递减到 0 的数列.末尾相等的两数 $r_9=r_{10}=1$ 就是 G,m 的最大公约数 $d=(G,m)$($d=1$ 表明 G,m 互素)；

(2)天元列$\{x_i\}$是从 0,1 单调递增到$\frac{m}{d}$的数列；

(3)商数列$\{q_i\}$是由$\frac{r_{i-1}}{r_i}$的整数部分$\left[\frac{r_{i-1}}{r_i}\right]=q_i$ 构成的数列，这里 $q_i\geqslant 1$.

§3 连分数与商数列

若用"辗转相除法"将分数$\frac{G}{m}$化成分子皆是1的繁分数(称之为连分数)

$$\frac{29.53}{365.25}=\frac{1}{12+\frac{1089}{2953}}=\frac{1}{12+\frac{1}{2+\frac{775}{1089}}}=$$

$$\frac{1}{12+\frac{1}{2+\frac{1}{1+\frac{314}{775}}}}=\frac{1}{12+\frac{1}{2+\frac{1}{1+\frac{1}{2+\frac{147}{314}}}}}$$

其中

$$\frac{147}{314}=\frac{1}{2+\frac{20}{147}}=\frac{1}{2+\frac{1}{7+\frac{7}{20}}}=\frac{1}{2+\frac{1}{7+\frac{1}{2+\frac{6}{7}}}}=$$

$$\frac{1}{2+\frac{1}{7+\frac{1}{2+\frac{1}{1+\frac{1}{5+1}}}}}$$

所以$\frac{29.53}{365.25}=\langle 0,12,2,1,2,2,7,2,1,5,1\rangle$(连分数的简单记法). 其衍化过程与余数列$\{r_i\}$、商数列$\{q_i\}$恰成一一对应.

至此我们将古文"大衍求一术"及其算草综合改造

为“秦一左表”，让小数、分数与连分数之间的内在关系能一目了然.这样大大方便了应用和进一步的研究.

再说祖冲之的高观点：他为了撰写最先进的《大明历》，需要求大数的乘率，解同余方程 $Gx-1\equiv 0 \pmod m$. 当 $G\neq 1$ 时，就要把方程中 x 的系数通过同解变形化成 1(即所谓求一). 众所周知，两个整数相乘、相加，结果总是整数，而两个整数的比值不一定是整数. 所以对于同余方程只能用乘法、加法与减法(统称为线性运算)，不能像解一元一次方程 $ax=b$ 那样，用除法化成 $x=\frac{b}{a}$. 祖冲之动用了一个恒等式，改为对方程组 $\begin{cases}1-Gx\equiv 0 \pmod m\\ mx\equiv 0 \pmod m\end{cases}$ 作同解变形，相当于对方程组的系数方阵 $\begin{bmatrix}1 & -G\\ 0 & m\end{bmatrix}$ 作初等变换，这样就能避开除法运算. 所以说祖冲之的想法非常巧妙. 这是在他熟知《九章算术》中约分术(术文：可半者半之，不可半者，副置分母、子之数，以少减多，更相减损，求其等也. 以等数约之)的基础上创造的方法，而且这里的余数列正是用“更相减损法”筹算的过程，非常简便.

第3章

从“秦一左表”到“秦一左定理”

为了避开繁琐的计算，给予“大衍求一术”以理论证明，我们再将秦一左表表 2 的右边增加一列而改记成表 3 的形式，其中的数列是按如下法则计算的：

表 3　0.530592 的秦一左表

i	余数列 r_i	天元列 x_i	商 q_i	地元列 y_i
0	$1000000=m$	0	0	1
1	$530592=G$	1	1	0
2	469408	1	1	1
3	61184	2	7	1
4	41120	15	1	8
5	20064	17	2	9
6	992	49	20	26
7	224	997	4	529
8	96	4037	2	2142
9	$d=32$	9071	2	4813
10	32	22179	1	11768
		$\frac{m}{d}=31250$		$16581=\frac{G}{d}$

§1　更相减损求等数

余数列$\{r_i\}$就是对$\frac{G}{m}$用更相减损法求等数的筹算过程. 就是设 $r_0=m>G=r_1$, $\{r_i\}$: $r_{i-1}-q_ir_i=r_{i+1}$ $(i=1,2,\cdots)$,其中 q_i 是$\frac{r_{i-1}}{r_i}$的整数部分$\left[\frac{r_{i-1}}{r_i}\right]$; q_i 构成商数列$\{q_i\}$.

§2　乘加迭代找乘率

天元列$\{x_i\}$是依递推公式: $q_ix_i+x_{i-1}=x_{i+1}$ $(x_0=0,x_1=1,i=1,2,3,\cdots)$;

类似地乘加迭代得地元列$\{y_i\}$: $q_iy_i+y_{i-1}=y_{i+1}$ $(y_1=0,y_2=1,i=2,3,4,\cdots)$;另取 $y_0=1$.

在表 3 中与等数 32 相对应的 $x_9=9071$ 就是乘率, $x_{10}=22179$ 是负乘率,它们有

$$16581\times 9071\equiv 1\pmod{31250}$$

$$16581\times 22179=367749999\equiv -1\pmod{31250}$$

§3　最佳渐近分数与秦－左定理

在秦－左表 3 中由天元列、地元列构成的分数$\frac{y_i}{x_i}$称为$\frac{G}{m}$的最佳渐近分数,因为它们有如下关系式

$$\frac{26}{49}>\frac{2142}{4037}>\frac{G}{m}=0.530592>\frac{4813}{9071}>\frac{529}{997}>\frac{9}{17}$$

事实上

$$x_i y_{i+1} - y_i x_{i+1} = x_i(y_{i-1} + q_i y_i) - y_i(x_{i-1} + q_i x_i) = -(x_{i-1} y_i - x_i y_{i-1}) = \cdots = (-1)^{i-1}(x_1 y_2 - y_1 x_2) = (-1)^{i-1}$$

即有

$$\frac{y_i}{x_i} - \frac{y_{i+1}}{x_{i+1}} = \frac{(-1)^i}{x_i x_{i+1}}$$

又$\{x_i\}$是单调递增数列，故有

秦一左定理 1 在$\frac{G}{m}$的秦一左表中，$\frac{G}{m}$的最佳渐近分数$\frac{y_i}{x_i}$有如下不等式串

$$\frac{y_2}{x_2} > \frac{y_4}{x_4} > \frac{y_6}{x_6} > \cdots \geqslant \frac{G}{m} \geqslant \cdots > \frac{y_7}{x_7} > \frac{y_5}{x_5} > \frac{y_3}{x_3}$$

且有偏差公式

$$\left|\frac{y_i}{x_i} - \frac{G}{m}\right| \leqslant \left|\frac{y_i}{x_i} - \frac{y_{i+1}}{x_{i+1}}\right| = \frac{1}{x_i x_{i+1}}$$

这表明最佳渐近分数逼近$\frac{G}{m}$的速度很快，称之为“最佳”的含义还在于分母不大于 x_i 的所有分数之中，只有$\frac{y_i}{x_i}$与$\frac{G}{m}$的偏差最小. 其证明可见华罗庚的《数论导引》第十章[6].

祖冲之就是用强、弱率与何承天调日法将朔策 $T_1 = 29.530592$ 的纯小数部分(朔余)“化简”为分母是 3939 的分数

$$(\text{强率})\frac{26}{49} > \frac{26 \times 79 + 9 \times 4}{49 \times 79 + 17 \times 4} = \frac{2090}{3939} = 0.5305915 > \frac{9}{17}(\text{弱率})$$

天文学上的“化简”不仅是约分，而是需要找一个分母适当大小的分数来代替所给的小数.

顺便指出，在秦—左表中，若 $q_i\equiv 1(i=0,1,2,3,4,\cdots)$，则所对应的天元列 x_i：0，1，1，2，3，5，8，13，21，34，55，…和地元列 y_i 都是著名的斐波那契(1170—1240)数列 $\{F_n\}$

$$F_n=\frac{1}{\sqrt{5}}\left[\left(\frac{1+\sqrt{5}}{2}\right)^n-\left(\frac{1-\sqrt{5}}{2}\right)^n\right]$$

具有广泛应用价值的黄金分割数 $\frac{\sqrt{5}-1}{2}\approx 0.618$ 的最佳渐近分数就是

$$\frac{3}{5},\frac{8}{13},\frac{21}{34},\frac{55}{89},\frac{144}{233},\cdots$$

秦—左定理 2　在 $\frac{G}{m}$ 的秦—左表中，余数列 $\{r_i\}$ 中的等数 $r_n=r_{n\pm 1}=d$ 就是 m,G 的最大公约数，相对应的 x_n (n 为奇数）就是乘率，即有 $\frac{G}{d}x_n-1\equiv 0\left(\mathrm{mod}\ \frac{m}{d}\right)$，乘率 x_n 与模 $\frac{m}{d}$ 必互素.

换句话说，一次不定方程 $Gx-my=R$，当 $\frac{R}{d}$ 为整数时，它所有的整数解为 $x=\frac{R}{d}x_n+\frac{m}{d}t,y=\frac{R}{d}y_n+\frac{G}{d}t$ (t 为整数).

证明　将余数列 $\{r_i\}$ 的递推公式：$r_{i-1}-q_ir_i=r_{i+1}$ 改记为 $(-1)^{i-1}r_{i-1}+q_i(-1)^i r_i=(-1)^{i+1}r_{i+1}$，这相当于将奇数项添上负号来代替减法，因而表 3 中第 i 行对应着向量 $((-1)^i r_i,\ x_i,\ y_i)=\boldsymbol{a}_i$，如此被添上负号的秦—左表就是依递推公式 $\boldsymbol{a}_{i+1}=q_i\boldsymbol{a}_i+\boldsymbol{a}_{i-1}$，以

$\boldsymbol{a}_0=(m\quad 0\quad 1)$，$\boldsymbol{a}_1=(-G\quad 1\quad 0)$为初始值而迭代生成的表. 因此 $\boldsymbol{a}_i$ 是 $\boldsymbol{a}_0,\boldsymbol{a}_1$ 的线性组合，对应的行列式

$$\begin{vmatrix} m & 0 & 1 \\ -G & 1 & 0 \\ (-1)^i r_i & x_i & y_i \end{vmatrix}=0$$

即得

$$Gx_i-my_i=(-1)^{i-1}r_i \quad (\text{秦一左公式})$$

当 $i=n$ 为奇数时，$r_n=d$ 是 M,G 的等数，有 $Gx_n-my_n=d$，即$\frac{G}{d}x_n-\frac{m}{d}y_n=1$，$x_n$ 与$\frac{m}{d}$互素；(x_n,y_n)是方程 $Gx-my=d$，即$\frac{G}{d}x\equiv 1\left(\bmod \frac{m}{d}\right)$的最小正整数解. 秦一左定理获证.

例 设 n 是任意自然数，求证：$\frac{n+3}{n^3+n+31}$是不可约分数.

证明 用更相减损法求分子分母的等数$(n^3+n+31,n+3)$

$$(-3n^2+n+31,n+3)=(10n+31,n+3)=(1,n+3)=1$$

故分数$\frac{n+3}{n^3+n+31}$的分子分母是既约的.

祖冲之用最佳逼近法开方——开差幂开差立

第4章

《隋书·律历志》记载:“祖冲之更开密法”算得圆周率 π 的强、弱率(即上、下界):3.141 592 7>π>3.141 592 6.“又设开差幂开差立,兼以正圆参之.”我们来解开“开差幂开差立”之谜,同时给出解一元二次方程的古法.

§1 刘徽的开方术

设 a 是 $\sqrt{N}$ 的整数部分,令 $x=\sqrt{N}-a$,$0\leqslant x<1$,记 $\sqrt{N}=y$,差幂 $y^2-a^2=N-a^2$,则 $y-a=\dfrac{N-a^2}{y+a}$,即 $x=\dfrac{N-a^2}{2a+x}$,有

$$(\text{强率})a+\frac{N-a^2}{2a}\geqslant\sqrt{N}=a+\frac{N-a^2}{2a+x}>a+\frac{N-a^2}{2a+1}(\text{弱率})\quad(1)$$

这就是刘徽(公元 263 年左右)注《九章》时,在“少广”章中给出的开方术的依据.古算家还将弱率称为“加借算”,强率称为“不

加借算".

类似地,设 a 是 $\sqrt[3]{N}$ 的整数部分,令 $x=\sqrt[3]{N}-a$, $0\leqslant x<1$,记 $\sqrt[3]{N}=y$,差立 $y^3-a^3=(y-a)(y^2+ay+a^2)=N-a^3$,这里 $a^2+ay+y^2=3a^2+3ax+x^2$,便得开立方术

$$(强率)\ a+\frac{N-a^3}{3a^2}\geqslant\sqrt[3]{N}=a+\frac{N-a^3}{a^2+ay+y^2}>$$

$$a+\frac{N-a^3}{3a^2+3a+1}(弱率)\qquad(2)$$

"方、廉、隅同名相并为分母."[1]100

据式(1)不难设计开平方计算草表如下:先将被开方数两位两位分开,因 $\sqrt{20}$ 的整数部分是 4,故

	4 4 7 $\sqrt{20\ 00\ 00}$	
a^2	16 00	
r	4 00	$r\div 2a>x$
$(2a+x)x$	3 36	
	64 00	
	62 09	
	1 91	

又 $\sqrt{2000}=\sqrt{20}\times 10$,故 $\sqrt{2000}$ 的整数部分是44,有

$$44\frac{64}{88}>\sqrt{2000}>44\frac{64}{89}$$

从草表可知

$$447\frac{191}{894}>\sqrt{200000}>447\frac{191}{895}$$

类似地,据式(2)有下面的开立方的计算草表

$$\begin{array}{l} \quad\ \ 1\ \ \ 2\ \ \ 3 \\ \sqrt[3]{1\ 860\ 876} \end{array}$$

	a^3 1 000		
方 a^2	100	860	$r\div 3a^2>y-a$
廉 ay	120		
隅 y^2	+ 144		
$\sum\times(y-a)$	364×2	=728	
120^2	14 400	132 876	
$a'y'$	14 760		
123^2	+15 129		
$\sum\times(y'-a')$	44 289×3	=132 867	
		9	

$$123\frac{9}{3\times 123^2}>\sqrt[3]{1860876}>$$

$$123\frac{9}{3\times 123\times(123+1)+1}=$$

$$123\frac{9}{45757}$$

§2　祖冲之更开密法

在刘徽的开方术的基础上，祖冲之更开密法，改用大衍法，将 $x=\frac{r}{2a+x}$（其中 $r=N-a^2$）代入分母中，迭代推衍，化成如下的繁分数

$$x=\frac{r}{2a+x}=\cfrac{1}{\frac{2a}{r}+\cfrac{1}{2a+x}}=\cfrac{1}{\frac{2a}{r}+\cfrac{1}{2a+\cfrac{1}{\frac{2a}{r}+\cfrac{1}{2a+x}}}}=\cdots$$

这样便将 $\sqrt{N}=a+x$ 化成无限循环连分数

$$\sqrt{N}=\left\langle a,\ \frac{2a}{r},\ 2a,\ \frac{2a}{r},\ 2a,\ \cdots\right\rangle \quad \left(\frac{2a}{r}\geqslant 1\right) \qquad (3)$$

例如要求$\sqrt{13}-3$.应用公式(3)得

$$\sqrt{13}-3=<0,\frac{3}{2},6,\frac{3}{2},6,\cdots>$$

计算天元列 x_n:$1,\frac{3}{2},10,\frac{33}{2},109,\cdots$

地元列 y_n:$0,1,6,10,66,\cdots$

便得$\sqrt{13}$的最佳渐近分数

$$3,3\frac{2}{3},3\frac{3}{5},3\frac{20}{33},3\frac{66}{109}(=3.6055),\cdots$$

又如要求$\frac{\sqrt{14}+1}{2}$的循环连分数.

若令$\frac{\sqrt{14}+1}{2}=2+x$,则

$$(2x+3)^2-3^2=14-9$$

$$x=\frac{5}{12+4x}=\frac{1}{\frac{12}{5}+\frac{4}{5}x}=\frac{1}{\frac{12}{5}+\frac{1}{3+x}}$$

立刻得到

$$\frac{\sqrt{14}+1}{2}=2+x=<2,\overline{\frac{12}{5},3}>$$

它的倒数就是

$$\frac{2}{\sqrt{14}+1}=<0,2,\frac{12}{5},3,\frac{12}{5},3,\cdots>$$

计算天元列 x_i:$0,1,2,\frac{29}{5},\frac{97}{5},\frac{1309}{25},\frac{4412}{25},\cdots$

地元列 y_i:$0,1,\frac{12}{5},\frac{41}{5},\frac{552}{25},\frac{1861}{25},\cdots$

便得$\frac{\sqrt{14}+1}{2}$的渐近分数为

$$2,\frac{29}{12},\frac{97}{41},\frac{1309}{552},\frac{4412}{1861}(\approx 2.3708),\cdots$$

应该指出，秦一左表中的商数列$\{q_i\}$只要$q_i \geqslant 1$（保证天元列、地元列都是递增数列），q_i不一定是正整数，正分数也可以，这比《初等数论》中的适用范围广泛得多.

§3　用古法解一元二次方程

要求一元二次方程$ax^2+bx+c=0(a\neq 0)$的正根就更简单了. 一句话，对判别式$\Delta=b^2-4ac$开平方就行了. 特别地，当$\frac{b}{a}\geqslant 1\geqslant \frac{-c}{b}>0$时，可以直接将方程改写成$x=\frac{-c}{b+ax}=\cfrac{1}{\frac{b}{-c}+\cfrac{1}{\frac{b}{a}+x}}$循环连分数.

例如，二次方程$x^2+4x=1$可改写为$x=\frac{1}{4+x}=\cfrac{1}{4+\cfrac{1}{4+x}}=\langle 0,4,4,4,\cdots\rangle$，相应的天元列是 1，4，17，72，305，1292，5473，23184，…. 又因$23184\times 5473\approx 1.3\times 10^8$，故二次方程的一个正根$\sqrt{5}-2$的最佳渐近分数是

$$\frac{1}{4},\frac{4}{17},\frac{17}{72},\frac{72}{305},\frac{305}{1292},\frac{1292}{5473}=0.23606797$$

故$\sqrt{5}\approx 2.23606797$.

再如要计算方程$x^2+10x=4$的正根.

先将方程改写成$x=\frac{4}{10+x}=\cfrac{1}{\frac{5}{2}+\cfrac{1}{10+x}}$，便知方

程的一个正根

$$x=<0,\frac{5}{2},10,\frac{5}{2},10,\frac{5}{2},10,\cdots>$$

计算天元列 x_i:1, $\frac{5}{2}$, 26, $\frac{135}{2}$, 701,1820,18901,⋯

地元列 y_i:0, 1, 10, 26, 270,701, 7280,⋯

便得方程的一个正根的最佳渐近分数

$$\frac{2}{5},\frac{5}{13},\frac{52}{135},\frac{270}{701},\frac{701}{1820},\frac{7280}{18901},\cdots$$

故方程 $x^2+10x=4$ 的一个正根 $\sqrt{29}-5\approx\frac{701}{1820}=0.3851648$.

顺便指出,开差幂法是用最佳渐近分数逼近一个数的平方根. $\sqrt{N}$ 的最佳渐近分数与佩尔(Pell)方程 $x^2-Ny^2=R$ 的正整数解有着紧密的联系. 为理解这句话,只要将佩尔方程改写成 $\left|\sqrt{N}-\frac{x}{y}\right|=\left|\frac{R}{\sqrt{N}y^2+xy}\right|<r$ 就明白了. 例如, $\sqrt{29}$ 的最佳渐近分数

$$\frac{5}{1},\frac{27}{5},\frac{70}{13},\frac{727}{135},\frac{3775}{701},\frac{9801}{1820},\frac{101785}{18901},\cdots$$

用它可以验证:

(1)(70,13)是方程 $x^2-29y^2=-1$ 的最小正整数解;

(2)(5,1),(3775,701)和(27,5),(727,135)分别是方程 $x^2-29y^2=R(R=-4$ 和 $4)$ 的正整数解;

(3)$9801=99^2$,(99,1820)是四次不定方程 $x^4-29y^2=1$ 的正整数解.

应该指出,祖冲之的《缀术》传入日本后,数学史家

李俨从《平方零约术解》(1782 年)中摘录到了两列数(见《中算史论丛》,不明其缘何算法):

p:1,4,9,76,161,1364,2889,24476,…

q:0,1,2,17,36, 305, 646, 5473, …

我们试对

$$\sqrt{20}=<4,2,8,2,8,2,8,2,\cdots>$$

计算它的天元列 x_n 和地元列 y_n 恰与 p 和 q 相同,故知 $\sqrt{20}$ 的最佳渐近分数为

$$\frac{4}{1},\frac{9}{2},\frac{76}{17},\frac{161}{36},\frac{1364}{305},\frac{2889}{646}\approx 4.472136$$

$$\left(偏差<\frac{1}{646\times 5473}\right)$$

这表明《缀术》的余香飘到日本去了.

第5章 祖冲之用内外逼近法求圆周率

数学家刘徽于公元263年撰《九章算术注》,用割圆术算得单位圆的内接正192边形的面积为$\frac{157}{50}$(徽率).

天文学家何承天(370—447)在《论浑天象体》中曰:"周天三百六十五度三百四分度之七十五,……南北二极,相去一百一十六度三百四分度之六十五强,即天径也."(见《开元占经》卷一),即

$$\pi=\frac{365\frac{75}{304}}{116\frac{65}{304}}\approx 3.142\ 8=\frac{22}{7}$$

"祖冲之更开密法,以圆径一亿为一丈"[1]17,算得圆周率π的上、下限:$3.141\ 592\ 7>\pi>3.141\ 592\ 6$,还"设有密率$\frac{355}{113}$、约率$\frac{22}{7}$两分数率,以便入算."

祖冲之是用什么方法算得圆周率π的呢,本书作者猜想:祖冲之是在刘徽割圆术的基础上,用的内外逼近法.如图1,设单位圆的外切正n边形的半边长为$a_n=AT$,内接正n边形的半边长为$b_n=DT$,则它们的

半周长分别为 $na_n=\tau_n$，$nb_n=\pi_n$，显然有祖冲之不等式

$$\tau_n>\tau_{2n}>\pi>\pi_{2n}>\pi_n \tag{1}$$

这里 τ_n，π_n 由下面的式(4)，式(5)确定.

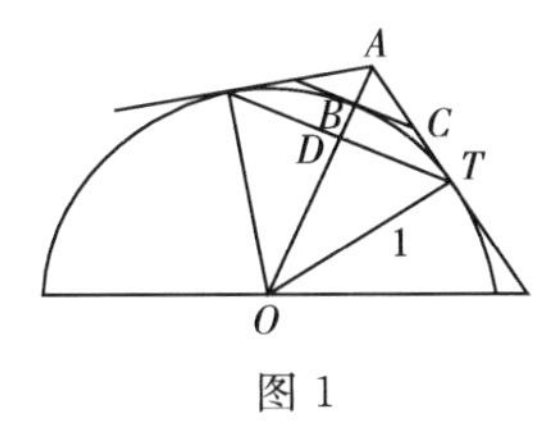

图1

由于

$$\triangle OTA \text{ 的面积}=\frac{1}{2}OT\cdot TA=\frac{1}{2}a_n$$

又

$$\triangle OTA \text{ 的面积}=\frac{1}{2}OA\cdot DT=\frac{1}{2}\sqrt{1+a_n^2}\cdot b_n$$

故

$$a_n^2=b_n^2+a_n^2b_n^2,\ n^2(\tau_n^2-\pi_n^2)=\tau_n^2\pi_n^2 \tag{2}$$

再由

$$\frac{BC}{DT}=\frac{AC}{AT}$$

得

$$\frac{a_{2n}}{b_n}=\frac{a_n-a_{2n}}{a_n}$$

故

$$a_{2n}=\frac{a_nb_n}{a_n+b_n},\ \tau_{2n}=\frac{2\tau_n\pi_n}{\tau_n+\pi_n} \tag{3}$$

据式(2)，式(3)得

$$\begin{cases}\dfrac{1}{\tau_{2n}}=\dfrac{1}{2}\left(\dfrac{1}{\tau_n}+\dfrac{1}{\pi_n}\right) & (4)\\ \left(\dfrac{1}{\pi_{2n}}\right)^2-\left(\dfrac{1}{2n}\right)^2=\left(\dfrac{1}{\tau_{2n}}\right)^2 & (5)\end{cases}$$

取 $\tau_6=2\sqrt{3}$，$\pi_6=3$ 为初始值代入式(4)，式(5)迭代计算(对式(5)可以采用开差幂法)如下

$$\frac{1}{\tau_{12}}=0.311\,004\,233\,96,\ \frac{1}{\pi_{12}}=0.321\,975\,275\,41$$

$$\frac{1}{\tau_{24}}=0.316\,489\,754\,68,\ \frac{1}{\pi_{24}}=0.319\,220\,732\,28$$

$$\frac{1}{\tau_{48}}=0.317\,858\,243\,48,\ \frac{1}{\pi_{48}}=0.318\,537\,256\,17$$

$$\frac{1}{\tau_{96}}=0.318\,196\,249\,82,\ \frac{1}{\pi_{96}}=0.318\,366\,707\,32$$

$$\frac{1}{\tau_{192}}=0.318\,281\,478\,57,\ \frac{1}{\pi_{192}}=0.318\,324\,090\,08$$

$$\frac{1}{\tau_{384}}=0.318\,302\,784\,33,\ \frac{1}{\pi_{384}}=0.318\,313\,437\,00$$

$$\frac{1}{\tau_{768}}=0.318\,308\,110\,66,\ \frac{1}{\pi_{768}}=0.318\,310\,773\,82$$

$$\frac{1}{\tau_{1\,536}}=0.318\,309\,442\,24,\ \frac{1}{\pi_{1\,536}}=0.318\,310\,108\,00$$

$$\frac{1}{\tau_{3\,072}}=0.318\,309\,775\,12,\ \frac{1}{\pi_{3\,072}}=0.318\,309\,941\,55$$

$$\frac{1}{\tau_{6\,144}}=0.318\,309\,858\,33,\ \frac{1}{\pi_{6\,144}}=0.318\,309\,899\,94$$

$$\frac{1}{\tau_{12\,288}}=0.318\,309\,879\,13,\ \frac{1}{\pi_{12\,288}}=0.318\,309\,889\,52$$

$$\frac{1}{\tau_{24\,576}}=0.318\,309\,884\,32,\ \frac{1}{\pi_{24\,576}}=0.318\,309\,886\,9$$

故得

$$\tau_{24\,576}=3.141\,592\,671\,98,\ \pi_{24\,576}=3.141\,592\,646\,52$$

代入祖冲之不等式(1)得

$$3.141\,592\,7>\pi>3.141\,592\,6$$

第6章 用总数法、消元法解一次不定方程组

“天地混沌如鸡子，盘古生其中，万八千岁. 天地开辟，阳清为天，阴浊为地，盘古在其中，一日九变，神于天，圣于地.”

——三国·吴·徐整《三五历记》

这段有关天地人起源的神话故事引起人们多少思索. 假设开天辟地之时，日月星辰始于同一时刻(上元)，那么上元至今累积有多少年了？这是个多么令人陶醉的问题.

中算史家钱宝琮指出：“《孙子算经》‘物不知数’问题解法很可能是依据当时天文学家的上元积年算法写出来的.”如何演算“上元积年”自然成为人们研究的一个重要课题.

§1 从“程行相及”谈起

“程行相及”是《数书九章》中的第七问，是让当代数理逻辑专家莫绍揆教授都关心的问题.

“程行相及”原题[3]38:“问有急足三名,甲日行300里,乙日行250里,丙日行200里.先差丙往他处下文字,既两日,又有文字遣乙追付.已半日,复有文字令甲赶付乙.三人偶不相及,乃同时俱至彼所.先欲知乙果及丙,甲果及乙,得日并里,次欲知彼处去此里数各几何.”

解 先考虑乙追及丙需要$\frac{200\times 2}{250-200}=8$日,行2 000里;甲追及乙需要$\frac{250\times 0.5}{300-250}=2.5$日,行750里.实际情况是三人互不相及而“同时”到达彼所.若将“同时”理解为“同一天同一时刻”,设乙所走的时间为t日,彼处去此里数为s,列出方程组

$$s=200(t+2)=250t=300\left(t-\frac{1}{2}\right)$$

则该方程组无解.难道这个问题错了?不,是对“同时”的理解错了[8].众所周知,几个运动员百米万米比赛同时到达终点的有吗?没有,总有先后之分.荐将本题“同时”理解为同一时辰(指白天6个时辰,其余休息时间不考虑),而且不一定是同一天,则本题就可以归结为解不定方程组

$$s=200(x+\varepsilon_1)=250(y+\varepsilon_2)=300\left(z-\frac{1}{2}+\varepsilon_3\right)$$

其中x,y,z表示天数都是整数,ε_i表示时辰,“同一时辰”就是要$|\varepsilon_i-\varepsilon_j|\leqslant\frac{1}{6}$.上式也就是

$$\frac{s}{50}=4(x+\varepsilon_1)=5(y+\varepsilon_2)=6\left(z-\frac{1}{2}+\varepsilon_3\right)$$

或改写成

$$\begin{cases}4x+4\varepsilon_1-5\varepsilon_2=5y\equiv 0\pmod 5 & (1)\\ 2x+2\varepsilon_1+1.5-3\varepsilon_3=3z\equiv 0\pmod 3 & (2)\end{cases}$$

当 $4\varepsilon_1-5\varepsilon_2$ 为整数(就用记号$[4\varepsilon_1-5\varepsilon_2]$表示)时,式(1)有解

$$x=-4[4\varepsilon_1-5\varepsilon_2]+5t \qquad (3)$$

将式(3)代入式(2)得

$$2\times\{-4[4\varepsilon_1-5\varepsilon_2]+5t\}-[3\varepsilon_3-1.5-2\varepsilon_1]\equiv 0\pmod 3$$

即

$$10t-8[4\varepsilon_1-5\varepsilon_2]-[3\varepsilon_3-1.5-2\varepsilon_1]\equiv 0\pmod 3$$

解得

$$t=8[4\varepsilon_1-5\varepsilon_2]+[3\varepsilon_3-1.5-2\varepsilon_1]+3k$$

再代入式(3)得原不定方程组的解为

$$x=36[4\varepsilon_1-5\varepsilon_2]+5[3\varepsilon_3-1.5-2\varepsilon_1]+15k$$

若取 $\varepsilon_1=\varepsilon_2=0,\varepsilon_3=\frac{1}{6}$,则 $s=2\ 000$ 里(莫绍揆的答数[8]);又若取 $\varepsilon_1=\frac{3}{4},\varepsilon_2=\frac{4}{5},\varepsilon_3=\frac{2}{3}$,则 $s=950$ 里.

§2 注释"古历会积"介绍总数法

从现存历史资料看,秦九韶记述的上元积年演算方法有两种:其一载于《数书九章》第一卷大衍类第二问"古历会积",是用"大衍总数术"推算的,秦想通过"设问以明大衍之理"[3]11;其二见于第三卷天时类第三问"治历演纪",是用"消元法"推算的.究竟什么是"大衍总数术",这里先通过注释"古历会积"去自己体会,以往许多人对"大衍总数术"的种种误解自会消除.

"古历会积"原题[3]10:"问古历冬至以三百六十五

日四分日之一，朔策以二十九日九百四十分日之四百九十九，甲子六十日各为一周.假令至淳祐丙午十一月丙辰朔.初五日庚申冬至.初九日甲子.欲求古历气、朔、甲子一会，积年、积月、积日，及历过未至年数各几何.”

古人长期观测发现：1 年 $T_0=365\frac{1}{4}$ d，19 年恰好有 235 个（朔望）月 T_1，即 $19T_0=235T_1$.这类古历[①]又称“四分历”.因此 1 个月（古称朔策）

$$T_1=\frac{19}{235}\times 365\frac{1}{4}\text{ d}=29\frac{499}{940}\text{ d}=29.53085\text{ d}$$

(1)选定“上元”为历法的基准

“上元”是历法授时的基准，又称为“历元”.古历选定“上元甲子夜半朔旦冬至时”为时间的起算点.

甲子是天干地支的起算点；夜半子时是 1 天的起算点；朔旦是 1 月的起算点；冬至是 24 节气的起算点.

<table>
<tr><td rowspan="3">上元</td><td>冬至……xT_0→</td><td>冬至……R_0→</td></tr>
<tr><td>朔………yT_1→</td><td>朔………R_1→</td></tr>
<tr><td>甲子……zT_2→</td><td>甲子……R_2→</td></tr>
</table>

设古历的上元至淳祐丙午（公元 1246 年）夏历 11 月初 5 日 19:26[9]610冬至历过年数为 x（称 x 为上元积年数），上元至丙午 11 月初 1 朔历过月数为 y，上元至丙午 11 月初 9 日甲子历过甲子数为 z，则上元至丙午

① 唐司马贞于《史记·历书第四》索隐按：“古历者，谓黄帝调历以前有上元太初历等，皆以建寅为正，谓之孟春也.及颛顼、夏禹亦以建寅为正.唯黄帝及殷、周、鲁并建子为正.而秦正建亥，汉初因之.至武帝元封七年始改用太初历，仍以周正建子为十一月朔旦冬至，改元太初焉.”古代利用北斗柄所指方向定月份，即所谓“斗建”.斗柄指北建子，顺次是丑月，寅月，……

11 月初 9 日夜半历过天数为

$$N=T_0x+R_0=T_1y+R_1=T_2z+R_2 \qquad (4)$$

其中 N,x,y,z 都是整数，$T_2=60$ d，剩余 $R_2=0$，$R_1\in(7,9)$，$R_0\in(3,5)$．式(4)也就是

$$\begin{cases}N-R_0\equiv 0(\mathrm{mod}\ T_0)\\N-R_1\equiv 0(\mathrm{mod}\ T_1)\\N-R_2\equiv 0(\mathrm{mod}\ T_2)\end{cases} \qquad (5)$$

这样“古历会积”问题就转化为解不定方程组(4)或(5)．

(2)选取新的时间单位

为将已知条件转换为整数，秦取通数

$$1\text{ 日}=4\times 940\mu(\text{日法})$$

年 $T_0=(365\times 4+1)\times 940\mu=1461\times 940\mu=1373340\mu$(气分)

月 $T_1=(29\times 940+499)\times 4\mu=27759\times 4\mu=111036\mu$(朔分)

甲子 $T_2=60\times 4\times 940\mu=225600\mu$(纪分)

(3)用“总数术”将方程组规范化

秦九韶用“总数术”：“连环求等，约奇弗约偶，各得定母．”将方程组(5)先改写成

$$\begin{cases}N-R_0\equiv 0(\mathrm{mod}\ 12\times 487\times 235)\\N-R_1\equiv 0(\mathrm{mod}\ 12\times 487\times 19)\\N-R_2\equiv 0(\mathrm{mod}\ 12\times 4^2\times 5\times 235)\end{cases} \qquad (6)$$

显然式(6)同解于下式

$$\begin{cases}N-R_0\equiv 0(\mathrm{mod}\ 12),N-R_0\equiv 0(\mathrm{mod}\ 487),N-R_0\equiv 0(\mathrm{mod}\ 235)\\N-R_1\equiv 0(\mathrm{mod}\ 12),N-R_1\equiv 0(\mathrm{mod}\ 487),N-R_1\equiv 0(\mathrm{mod}\ 19)\\N-R_2\equiv 0(\mathrm{mod}\ 12\times 16\times 5\times 235)\end{cases} \qquad (7)$$

再选定母 $m_0=487$(气定)，$m_1=19$(朔定)，$m_2=12\times$

16×5×235＝225600(纪定)，它们必须是两两既约的. 秦九韶将式(6)直接化为规范式

$$\begin{cases} N-R_0\equiv 0(\mathrm{mod}\ m_0) \\ N-R_1\equiv 0(\mathrm{mod}\ m_1) \\ N-R_2\equiv 0(\mathrm{mod}\ m_2) \end{cases} \tag{8}$$

为保证式(8)与式(6)同解，剩余还必须满足相容条件

$$\begin{cases} R_1-R_0\equiv 0(\mathrm{mod}\ 12\times 487) \\ R_2-R_1\equiv 0(\mathrm{mod}\ 12) \\ R_0-R_2\equiv 0(\mathrm{mod}\ 12\times 235) \end{cases} \tag{9}$$

(4)应用孙子定理于式(8)得总数

$N=G_0x_0R_0+G_1x_1R_1+G_2x_2R_2+mt$　(t 为整数)

其中衍母

$$m=m_0\cdot m_1\cdot m_2=2087476800\mu=$$
$$555180\text{ 日(一会积日)}=$$
$$1520\text{ 年}^{①}\text{(一会积年)}$$

衍数

$$G_0=\frac{m}{m_0}=19\times 225600=487\times 8801+313\text{(气奇)}$$

$$G_1=\frac{m}{m_1}=487\times 225600=109867200=$$
$$19\times 5782484+4\text{(朔奇)}$$

$$G_2=\frac{m}{m_2}=487\times 19=9253\text{(纪奇)}$$

“用大衍求一，各得乘率”：气乘率 $x_0=473$，朔乘率 $x_1=5$，纪乘率 $x_2=172717$. 故通解(总数)

$$N=225600(19\times 473R_0+487\times 5R_1)+$$
$$487\times 19\times 172717R_2+2087476800t\ (\mu)=$$

① 1520 年是 1 个月、1 年 $T_0=365.25$ d、1 个甲子 60 d 的公倍数.

$$\{2027467200(\text{气泛})R_0+549336000(\text{朔泛})R_1+1598150401(\text{纪泛})R_2\}\div(4\times940)+555180t(\text{日})\tag{10}$$

秦九韶错将不满足相容条件(9)的剩余 $R_0=4\text{ d},R_1=8\text{ d},R_2=0$ 代入式(10)计算.

清代沈钦裴改取满足相容条件的剩余,算得历过日数

$$407220\text{ d}=1115T_0-33\frac{3}{4}\text{ d}=13790T_1-10\frac{41}{94}\text{ d}=6787T_2$$

《数书九章新释》(1957年王守义)算得历过日数

$$463140\text{ d}=1268T_0+3\text{ d}=15683T_1+7.66\text{ d}=7719T_2$$

上两式中的剩余都不合题设,我们改取满足相容条件(9)的剩余:

(a) $R_2=0,R_0=15\times940\mu,R_1=24\times487+15\times940=25788$;

(b) $R_2=0,R_0=18\times940\mu,R_1=24\times487+18\times940=28608$.

分别将它们代入式(10)便得历过日数

$$N_a=542400\text{ d}=1485T_0+3.75\text{ d}=18367T_1+6.86\text{ d}=9040T_2$$

$$N_b=563220\text{ d}=1542T_0+4.5\text{ d}=19072T_1+7.6\text{ d}=9387T_2$$

符合剩余条件:$R_2=0,\ R_1\in(7,9),R_0\in(3,5)$ 的"上元积年"数 $x=1542+1520k$,还有……

§3 用消元法(演纪法)求总数

可以不用孙子定理而直接由式(4)求“上元积年”数 x,这样只需要解两个不定方程

$$\begin{cases} T_0x-(R_1-R_0)\equiv 0(\bmod T_1) & (11)\\ T_0x-(R_2-R_0)\equiv 0(\bmod T_2) & (12)\end{cases}$$

先将式(11),即

$$\frac{1461}{4}x-(R_1-R_0)\equiv 0\left(\bmod \frac{27759}{940}\right)$$

化为

$$1461\times 235x-940(R_1-R_0)\equiv 0(\bmod 27759)$$

对$\frac{1461\times 235}{27759}$用大衍求一术得等数 1461 和乘率 11,上式约去等数 1461 化为

$$235x-\frac{940(R_1-R_0)}{1461}\equiv 0(\bmod 19) \qquad (11')$$

当且仅当$\frac{940(R_1-R_0)}{1461}=R$为整数时有整数解,上式即为

$$235x-R\equiv 7x-R\equiv 0(\bmod 19)$$

用乘率 11 乘之,得

$$11(7x-R)\equiv x-11R\equiv 0(\bmod 19)$$

解得

$$x=11R+19t \quad (t\in \mathbf{Z}) \qquad (11'')$$

再将式(11″)代入式(12)消去变元 x

$$\frac{1461}{4}(19t+11R)-(R_2-R_0)\equiv 0(\bmod 60)$$

化为整系数

$$1461(19t+11R)-4(R_2-R_0)\equiv 0 \pmod{240}$$

约去等数 3 得

$$487(19t+11R)-\frac{4(R_2-R_0)}{3}\equiv$$

$$53t-3R-\frac{4(R_2-R_0)}{3}\equiv 0 \pmod{80}$$

上式当且仅当$\frac{4(R_2-R_0)}{3}=R'$为整数时有解. 再用"求一术"得乘率 77 乘上式,解得

$$t=77R'+71R+80k \quad (k\in \mathbf{Z}) \tag{12'}$$

将式(12′)代入式(11″)便得方程组(11)与(12)的通解

$$x=11R+19(77R'+71R+80k)=$$
$$1360R+1463R'+1520k \tag{13}$$

将 $R_2=0$, $R_1\in(7,9)$, $R_0\in(3,5)$ 代入 $R=\frac{940(R_1-R_0)}{1461}$, $R'=\frac{4(R_2-R_0)}{3}$,选取

(a)$R=2$,$R'=-5$;(b)$R=3$,$R'=-5$;(c)$R=2$,$R'=-6$;等等.

分别将它们代入式(13)得

$$x_a=-4595+1520(k+4)=1485+1520k$$
$$x_b=-3235+1520(k+3)=1325+1520k$$
$$x_c=6058+1520(k+5)=1542+1520k$$

故历过年数 1485 或 1325 或 1542(上元积年数). 历过日数(例如算 $1325T_0=483956.25$,再微调为 60 的整数倍)分别为

$542400\ \mathrm{d}=1485T_0+3.75\ \mathrm{d}=18367T_1+6.86\ \mathrm{d}=9040T_2$

$483960\ \mathrm{d}=1325T_0+3.75\ \mathrm{d}=16388T_1+8.4\ \mathrm{d}=8066T_2$

$563220\ \mathrm{d}=1542T_0+4.5\ \mathrm{d}=19072T_1+7.6\ \mathrm{d}=9387T_2$

§4 祖冲之的上元积年数

祖冲之熟知孙子定理而不用，他直接求上元积年数 x. 由式(4)可得

$$\begin{cases} T_0x-R_0=60z \\ T_0x-(R_0-R_1)=T_1y \end{cases}$$

即

$$\begin{cases} (T_0-360)x-R_0\equiv 0 \pmod{60} \\ (T_0-12T_1)x-(R_0-R_1)\equiv 0 \pmod{T_1} \end{cases} \tag{14}$$

祖冲之选取日法

$$1\text{ 日}=3939\mu$$

$$T_0=1438692\mu, T_1=116321\mu$$

$$R_0=133308\mu, R_1=54636\mu$$

代入式(14)得

$$\begin{cases} 20652x-R_0\equiv 0 \pmod{236340} & (15) \\ 42840x-(R_0-R_1)\equiv 0 \pmod{116321} & (16) \end{cases}$$

对$\frac{20652}{236340}$用求一术得等数 12，乘率 17246. 将式(15)约去等数 12 得

$$1721x-\frac{R_0}{12}\equiv 0 \pmod{19695} \tag{15'}$$

用乘率×(15′)，得

$$17246\times\left(1721x-\left[\frac{R_0}{12}\right]\right)\equiv x-17246\times 11109\equiv$$

$$x-12549\equiv 0 \pmod{19695}$$

故式(15)的解为

$$x=12549(\text{入元岁})+19695t \tag{15''}$$

再将式(15″)代入式(16)得

$$42840(19695t+12549)-78672\equiv 57587t+1147\equiv 0 \pmod{116321}$$

上式乘以 52052(乘率)解得

$$t=2+116321k$$

再代入(15″)就得方程组(14)的解

$$x=12549+19695(2+116321k)=51939+2290942095k \quad (k\text{ 为整数})$$

其中最小正整数解 51939 正是祖冲之所求的上元积年数：

“上元甲子至宋大明七年癸卯(公元 463 年)五万一千九百三十九年.”

历法在人类安排各种活动和记载历史事件起着重大作用.中国古代一向把历法的改革当作重大国事.曾先后提出近百种历法.而编制历法是以天文学精确测定的月相变化的周期朔望月 T_1(朔)和回归年长度 T_0(气)为基础的.后来的历算家选取不同的气朔日法(详见表 4,表中 $T_0=365.242198$,$T_1=29.530592$,闰周

表 4 中国古代使用的部分历法及其相关数据

历法名	四分历	太初历	乾象历	元嘉历	大明历	麟德历	大衍历	授时历
公元 编者	−427 年前	−104 年 落下闳,邓平	206 年 刘洪	443 年 何承天	463 年 祖冲之	664 年 李淳风	724 年 僧一行	1280 年 郭守敬
岁余 T_0-365	$\frac{1}{4}$ 0.25	$\frac{385}{1539}$ 0.25016	$\frac{145}{589}$ 0.24618	$\frac{75}{304}$ 0.24671	$\frac{9589}{39491}$ 0.24281	$\frac{328}{1340}$ 0.24478	$\frac{743}{3040}$ 0.244408	0.2425
朔余 T_1-29	$\frac{499}{940}$ 0.53085	$\frac{43}{81}$ 0.53086	$\frac{773}{1457}$ 0.53054	$\frac{399}{752}$ 0.530585	$\frac{2090}{3939}$ 0.5305915	$\frac{711}{1340}$ 0.530597	$\frac{1613}{3040}$ 0.5305921	0.530593
闰周 K	$\frac{7}{19}=0.36842$				$\frac{144}{391}$	$\frac{14576}{39571}$	$\frac{33067}{89773}$	
偏差 $(K-K_0)\times 10^4$			1.546		0.21	0.856	0.751	0.10

$K_0=\frac{T_0}{T_1}-12=0.368265$)及剩余,计算所得上元积年数差异极大.

李淳风的《麟德历》的上元积年数为 269880 年[1]77;

僧一行(张遂)的《大衍历》的上元积年数为 96961740 年[1]77;

郭守敬造授时术,断取近距,不用积年.

由于气、朔、日法及剩余等的微小变化会产生“蝴蝶效应”,所以用解不定方程组的方法来寻找“上元”应该说是不成功的,必须另辟新径.

“众里寻他千百度,蓦然回首,那人却在灯火阑珊处.”经过多次失败,本书作者左氏蓦然选取公元 1962 年 2 月 5 日为“历元”,终于找到“太初历元”是公元前 1138 年 11 月 19 日甲子年甲子月甲子日“七曜皆会聚斗牵牛分度,夜尽如合璧连珠”.①

---

① 查《中华五千年长历》和《中华日历通典》,月序癸亥应为甲子,这是因为古代闰月规则不同造成的;17 日壬戌立冬,该节气与冬至相距 45 度,这是岁差等引起的;16 日朔表明我国三千年的日历偏差不到 3 天.

岁差"治历推闰"交食周期

第7章

远古人观北斗定方向和时辰."盖黄帝考定星历,建立五行,起消息,正闰余."

《五帝本纪》称黄帝"顺天地之纪,幽明之占,死生之说,存亡之难.时播百谷草木,淳化鸟兽虫蛾,旁罗日月星辰水波土石金玉,劳勤心力耳目,节用水火材物."

就是说,黄帝顺应天地四时的变化规律,占阴阳,说生死,论存亡之艰难.按时节播种百谷草木,驯养鸟兽蚕虫,观测日月星辰,考定星历,校正闰余,收取土石金玉,勤劳身心耳目,有节制地使用水火材物.

中国现存最古的《尚书·尧典》:

乃命羲和钦若昊天,历象数法日月星辰,敬授民时.

分命羲仲宅嵎夷曰旸谷,寅宾出日平秩东作,日中星鸟以殷仲春.厥民析鸟兽孳尾.

申命羲叔宅南交曰明都,寅敬致日平秩南讹,日永星火以正仲夏.厥民因,鸟兽希革.

分命和仲宅西土曰昧谷,申饯纳日平秩西成,宵中星虚以殷仲伙.厥民夷鸟兽毛毨.

申命和叔宅朔方曰幽都,便在伏物平秩朔易,日短星昴以正仲冬.厥民隩鸟兽鹬毛.

帝曰:"咨!汝羲暨和.期三百六旬六日,以闰月定四时成岁,允厘百工,庶绩咸熙."

这段历史记载含有与天文历法有关的丰富信息,记录了帝尧命羲、和二氏在四地建立天象授时台的目的、任务和要求,用观测星座来校正四时(春分、夏至、秋分、冬至).这里星鸟(∗6)、火(∗9)、虚(∗12)、昴(∗3)正是后来完善的"十二星次"的四方七宿的中星(详见附录2,3),那时,春季寅时观星鸟迎日出,秋天申时送太阳测星虚.冬至白天最短,卯时中星位于星昴.

§1 岁差

战国时期,历法家就把冬至点确定在牵牛初度.

公元330年前后,中国晋朝的天文学家虞喜(281—356)用"昏旦中星"法观测发现冬至点沿黄道退动到了壁宿之东.《宋史·律历志》有一段精彩的阐述:"尧时冬至日短星昴,今二千七百余年,乃东壁中,则知每岁渐差之所至."中文"岁差"一词的由来即在于此.

$$昴\overset{53^\circ}{\longleftrightarrow}壁\overset{15^\circ}{\longleftrightarrow}室\overset{32^\circ}{\longleftrightarrow}女\overset{7^\circ}{\longleftrightarrow}牛\overset{26^\circ-11^\circ}{\longleftrightarrow}斗\overset{10^\circ}{\longleftrightarrow}箕$$

祖冲之测定冬至点在斗11度,从而确定岁周[1]33为

$$\frac{14424664(\text{周天})}{39491(\text{纪法})}=365.2646\ \text{d}=T_{00}$$

岁周是太阳沿黄道顺行1周天所历时间,今称为1恒星年;从冬至点回到冬至点的时间为1(回归)年 $T_0=365\dfrac{9589}{39491}\ \text{d}=365.2428\ \text{d}$. 1恒星年与1年之差

($T_{00}-T_0=0.022\ \mathrm{d}=\dfrac{T_0}{360\times46}$)谓之岁差.岁差表明冬至点沿黄道每 46 年退 1 度.

公元前 2 世纪,古希腊天文学家喜帕恰斯推算出春分点每 100 年退 1 度.若依现今 1 恒星年 = 365.256363 d推算岁差 $=0.01416\ \mathrm{d}=\dfrac{T_0}{360\times71.7}$确定春分点每 71.7 年退 1 度.比较三者测算的结果偏差很大.原因在于测算的基准点不同.现今使用的 1 恒星年小于 1 近点年(即 365.26 d),即认为椭圆轨道的近日点是进动或不动的,而岁周大于近点年表明近日点是退动的.

§2　“治历推闰”

现代世界通用的阳历(格里历)是一年有 365 d,闰年有 366 d,4 年 1 闰,故平均一年有 365.25 d.这比真值 $T_0=365.2422$ d 多 0.008 d,因此 400 年要少闰3 d.这样“400 年 97 闰”,$\dfrac{97}{400}=0.2425$ 与真值 $=0.2422$ 比较,400 年(即 146096.88 d=365 d×400+97 d−0.12 d)累计有 173 分钟的偏差,平均 1 年尚有 26 秒钟的偏差.

我们找出岁余 $0.24219=\dfrac{24219}{100000}=\langle 0,4,7,1,3,4,\cdots\rangle$的最佳渐近分数$\dfrac{1}{4},\dfrac{7}{29},\dfrac{8}{33},\dfrac{31}{128},\dfrac{132}{545},\cdots$,据此知道:阳历如采用“4 年 1 闰,128 年 31 闰,545 年 132 闰”,则 545 年累计仅有 9.22 分钟的偏差.

又如表 5 所示,制作闰周 $K_0=\dfrac{T_0}{T_1}-12=$

$\frac{10875096}{29530592}$的秦一左表，得到最佳渐近分数

$$\frac{3}{8}>\frac{7}{19}>K_0>\frac{123}{334}>\frac{4}{11}$$

可知阴阳合历应采用“19 年 7 闰，334 年 123 闰”，即在 1002 年间安排 369 个闰月. 这样的闰周 $K=\frac{369}{1002}=0.36826347$，其偏差 $(K-K_0)\times10^4=0.0195$（表 4）.

表 5　闰周的秦一左表

	余数列	天元列	商	地元列
i	r_i	x_i	q_i	y_i
0	29530592	0	0	1
1	10875096	1	2	0
2	7780400	2	1	1
3	3094696	3	2	1
4	1591008	8	1	3
5	1503688	11	1	4
6	87320	19	17	7
7	19248	334	4	123
8	10328	1355	1	499
9	8920	1689		622

祖冲之在他创制的《大明历》中调日法为 391

$$\frac{7}{19}>\frac{7\times20+4}{19\times20+11}=\frac{144}{391}>\frac{4}{11}$$

采用“391 年 144 闰”的新法，这在当时和后来的天算家中产生了很大的影响，他们纷纷效法. 从此改革闰周成为历法改革中的一项重要内容，比较他们所采用的闰周（见上一章的表 4）其精度除《授时历》外，都不及祖冲之的高.

人们观察宇宙，立足点可有不同.若以地面观察者为坐标原点 O，我们的直观感觉是日月星辰好像嵌在巨大的天球面上.太阳东升西落，昼夜交替所历时间为 1 d，这是地球自转的结果.如果排除地球自转的周期视运动因素，将每天夜半子时观测的晴空夜景加以比较，就会发现天上绝大多数星星好像固定在天球面上，相互间位置是不变动的，所以称它们为恒星；还有少数行星（如木火土金水等）在黄道附近位置有所变动.黄道是指太阳在天球面上的周期视运动轨道.太阳沿黄道由西向东每天顺行古 1 度（即 $\frac{360°}{365.25}=0.986°$）.月亮在天球面上的周期视运动轨道称为白道，月亮沿白道由西向东每天顺行 13 度左右.白道与黄道交角约 5°，黄道与赤道交角约 23.5°（图 2）.日、月运行到同一黄经（与黄道垂直的经线）上的时刻谓之朔.月朔到月朔所历时间为 1 朔望月 $T_1=29.530592$ d.

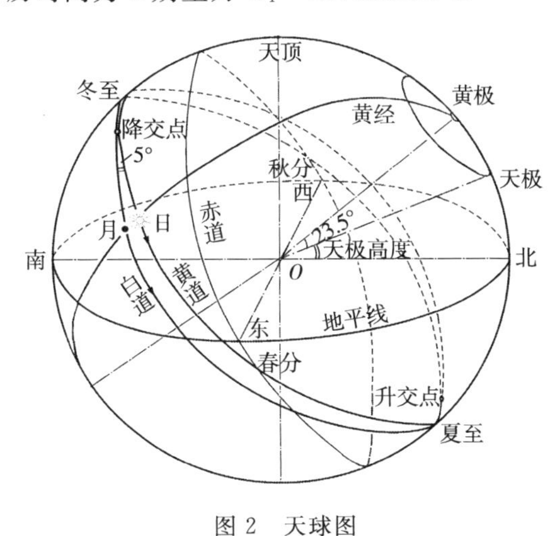

图 2　天球图

特别需要指出，白道与黄道的交点不是固定的，而是沿黄道每年退行约 20°. 这表明月球绕地球的运行轨道是分布在球壳内的一种空间螺旋线，或者说它是在公转轨道平面内有微小退动的椭圆螺旋线(见第 9 章图 5)，而公转轨道平面同时又做极微小的旋转(自旋). 空间螺旋线就是这两个周期旋转合成的结果.

"岁差"也清楚地反映了地球的椭圆轨道亦有退动现象. 换句话说，地球绕太阳运行的轨道亦是退动的椭圆螺旋线.

§3 日月交食周期

太阳从降交点沿黄道运行到升交点所历时间为半食年(1 食年 $T_e=346.62007598$ d)，月球从降交点运行到升交点历时半交点月(1 交点月 $T_p=27.21222082$ d)，与祖冲之测算的交点月$\frac{717777}{26377}$比较，两者相差仅 0.8 s.

"历法疏密，验在交食."当日、月同时运行到降交点或升交点附近(这时日、月、地成一直线)才会出现日食，显然这天应当是朔日. 若日食不是出现在朔日，则表明所使用的历法不准确. 当日、月分别同时运行到降交点和升交点附近(日、地、月成一直线)时才会出现月食. 设两次日食(或月食)的时间间隔为 T，则交食周期 T 是朔望月 T_1 的正整数倍，又是半交点月$\frac{T_p}{2}$的正整数倍，还是半食年$\frac{T_e}{2}$的正整数倍，即交食周期

$$T=T_1x=\frac{T_p y}{2}=\frac{T_e z}{2}$$

其中 $x,y,z\in \mathbf{Z}_+$.

如果先列出 T_1 与 $\frac{T_e}{2}$ 的秦一左表(表 6).

据秦一左定理有 $\frac{15}{88}>\frac{38}{223}>\frac{2T_1}{T_e}>\frac{61}{358}>\frac{23}{135}$ 或据秦一左公式有

$$88T_1+0.95868=15\frac{T_e}{2}$$

$$135T_1-0.49873=23\frac{T_e}{2}$$

$$223T_1+0.45995=38\frac{T_e}{2}$$

$$358T_1-0.03878=61\frac{T_e}{2}$$

还可以列成下面表 7 的形式：

表 6　$\frac{T_e}{2T_1}$ 的秦一左表

i	余数列 r_i	天元列 x_i	商 q_i	地元列 y_i
0	17331004	0	0	1
1	2953059	1	5	0
2	2565709	2	1	1
3	387350	3	6	1
4	241609	41	1	7
5	145741	47	1	8
6	95868	88	1	15
7	49873	135	1	23
8	45995	223	1	38
9	3878	358	11	61
10	3337	4161	1	709
11	541	4519	6	770

表 7　朔望月、食年、交点月的倍数表

1 朔望月 $T_1=$ 29.530592 d	1 交点月 $T_p=$ 27.21222082 d	1 食年 $T_e=$ 346.620 d	1 回归年 $T_o=$ 365.2422 d
$47T_1=1387.9$ d	$51.003T_p$	$4.004T_e$	4 年－73 天
$88T_1=2598.7$ d	$95.498T_p$	$7.497T_e$	7 年＋42 天
$135T_1=3986.6$ d	$146.501T_p$	$11.501T_e$	11 年－31 天
$223T_1=6585.3$ d	$241.998T_p$	$18.999T_e$	18 年 11 天
$358T_1=10572$ d	$388.502T_p$	$30.500T_e$	29 年－20 天
$446T_1=13170.6$ d	$483.997T_p$	$37.997T_e$	36 年 21.9 天

这就得到天文学专著中所说的交食周期. 其中 135 个月就是刘歆于公元 7 年发现的交食周期;223 个月和 358 个月分别称为沙罗周期和纽康周期. 在 223 个月中大约有 41 次日食和 29 次月食. 唐代《五经历》(公元 762 年)就得到 358 个月的周期,这比 19 世纪美国人纽康独立提出的要早 1 千多年. 准确预报何时何地有日月食,计算比较复杂,这里就不谈了.

第8章 用总数法敲定“五星聚”的真伪

古代认为君权天授.“五星聚”又称“五星连珠”是指木火土金水五大行星像地球一样绕太阳公转,某一时刻五星运行到地球同侧,和太阳几乎在一条直线上.有时可见五星同出现在天空东方(早晨拂晓时),有时同出现在天空西方(傍晚黄昏时).它们在苍穹中闪烁,应该说是一种非常美丽的天文景象.这类天象被中国古代人民赋予祥瑞或者不祥征兆,是预兆改朝换代的重大天象.所以在中国五千年文化史中有着丰富的记载.辨别它们的真伪对于恢复历史真实面貌,准确敲定历史年代具有关键性的作用.尤其在上古史年代学的研究中,五星聚扮演着极重要的角色.也有学者用年年可见的日月食来敲定历史年代,但是这对计算的准确性要求极高,可信度反而低.让我们先从古代使用的几种纪年法谈起.

§1 岁星纪年法与岁星超辰

《吕氏春秋·勿躬篇》曰:“大桡作甲

子……容成作历，羲和作占日."那时候，一天分为十二个时辰，采用子、丑、寅、卯……十二地支记述之，谓之"十二辰".用十二辰计时，是以太阳在一天中所处方位来命名的.例如，夜半为子时（23～1时），日出为卯时（5～7时），日中为午时（11～13时），日没为酉时（17～19时）.看太阳东升西下（谓之逆向）这是地球自转的结果.

上古天文星占家采用观象授时.把位于黄道附近的恒星分为十二份"二十八宿"，由西向东分别命名为星纪、玄枵……，称为"十二星次"或"十二次"，类似于西洋的黄道星座十二宫（详见附录2,3）.地球公转，看太阳沿黄道由西向东（谓之顺向）每天1度，每月30度一个星次，所以有"冬至于牵牛，夏至于东井"之说.由于岁星（木星）是在黄道附近由西向东12年运行一周天，所以商周时代习惯采用岁星所在星次来纪年，如"岁在星纪"、"岁在鹑火"（附录3,4分别用 * 11，* 6表示）.这就是"岁星纪年法".

在夜半观测星空时，12年中总有几年难以见到岁星，为方便观测，星占家就假想一个与岁星位置相对的"太岁（岁阴）"来帮助定位.例如，若"太岁在鹑火"，则"岁在玄枵" * 12前后，还有"岁在卯年岁阴在酉".

岁星纪年法本想依岁星实际所在星次纪年的，后来发现："岁在星纪，而淫于玄枵"《左传·襄公二十八年》.就是说以前依12年一周天推算岁星应该位于星纪，却出现在玄枵.这类星象谓之"岁星超辰"（失次）.为什么会出现"岁星超辰"呢？这是因为岁星的近点周期精确测算是11.8622年$=T$.故$85T=1008.3\approx 144\times 7=12\times 84$，$87T=1032.01\approx 12\times 86$.也就是

说，岁星积 1032 年有 12 次超辰，每 86 年有 1 次超辰. 也有专家推算是每 84 年甚至 144 年超辰 1 次，这样就出现了多种很不一致的说法.

古人还采用六十甲子来纪年纪日，殷商时代干支表就是当时的日历表. 从春秋时代“鲁隐公三年辛酉(公元前 720 年)春王二月己巳，日有食之”开始，干支纪年纪日法连续使用至今没有间断过，这是准确可信的. 古人还将六十甲子神化为岁神，“太岁者，十二辰之神”(见《续文献通考 · 郊社考 卷一百九》).

为便于国际交往，自从公元 1912 年开始我国兼用公历纪年. 研究中国历史的专家从此就需要将“干支纪年”，“岁星纪年”与“公历纪年”进行准确的对照翻译，有一本编定好的《中国历史年表》可查. 本书以“积 516 年有 6 次超辰”等为依据构造了《岁星纪年、干支纪年和公历纪年的对照表》(附录 4)，用它可以很方便地查阅对照. 例如查阅附录 1，N_{92}＝1961 年＋204.5 年推定公元前 205 年年中(查附录 4 为 * 5★)五星聚东井. 合于《汉书 · 高帝纪》“元年(商历未正)冬十月，五星聚于东井. 沛公至霸上.”《史记》卷八九《张耳陈余列传》：甘公曰：“汉王之入关，五星聚东井. 东井者，秦分也. 先至必霸.”

应用星象还可以估定年代.

如《国语》中立春晨时正南见到的星象相当于《尧典》中冬至辰时正南的星象，所以《国语》的星象与《尧典》的星象相差 1.5 个星次，两者相隔时间约为(1032±86×1.5＝)1161 年或 903 年.

又如《汉书 卷二十六 · 天文志第六》“岁星正月晨出东方，《石氏》曰名监德，在斗、牵牛；……《甘氏》在建星、婺女;《太初历》在营室、东壁."这表明石申、甘德时代的星象比《太初历》早 2 个星次,所以它们相隔约 170 年.

§2 历元定于公元 1962 年 2 月 5 日

为了用"五星聚"敲定年历,需要选定历元. 诚如《后汉书·律历志》所言:"建历之本,必先立元,元正然后定日法,法定然后度周天以定分至. 三者有程,则历可成也."

公元 1962 年 2 月 5 日(夏历正月初一甲戌,8:10 朔,日全食)朔前 2 月 4 日 15:18 立春,还出现了千载难逢的天象,五星聚于宝瓶宫,七曜同宫. 日月五星(在 2 月 5 日 7:40)的具体方位(赤经,赤纬)是(采自华罗庚《从祖冲之的圆周率谈起》)

太阳(318°15′,16°08′),月亮(318°,15°57′)
木星(323°45′,15°54′),火星(319°45′,20°36′)
土星(321°15′,19°40′),金星(320°30′,16°45′)
水星(318°15′,12°24′)

这表明日月五星在地球同侧的一直线附近(图 3[①]),聚度小于 8°.

① 在大范围内研究周期运动,可将行星的椭圆(离心率都很小)运动简化为匀速圆周运动,这样所产生的偏差并不大,而所使用的计算方法却可以初等又精巧,不像用 DE404 数据库及计算软件那样复杂而又难于检查核实.

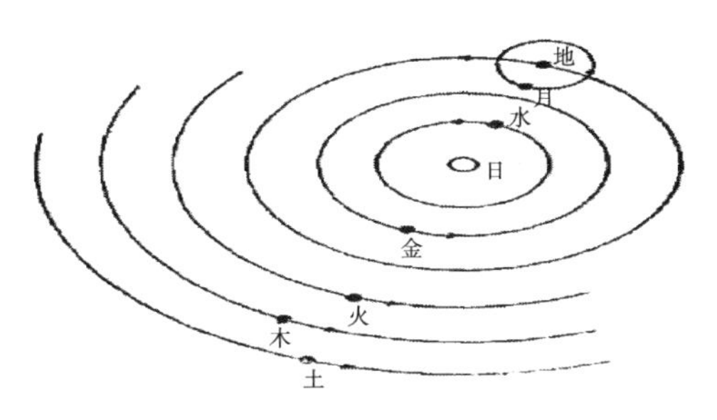

图 3　七曜同宫

本书就选取公元 1962 年 2 月 5 日(夏历正月初一甲戌,8:10 朔)为历元.这时太阳位于黄经 315.26°,金星位于黄经 317.5°,水星在下合,金星在上合(因为金星、水星是内行星,有上下合,见图 4).

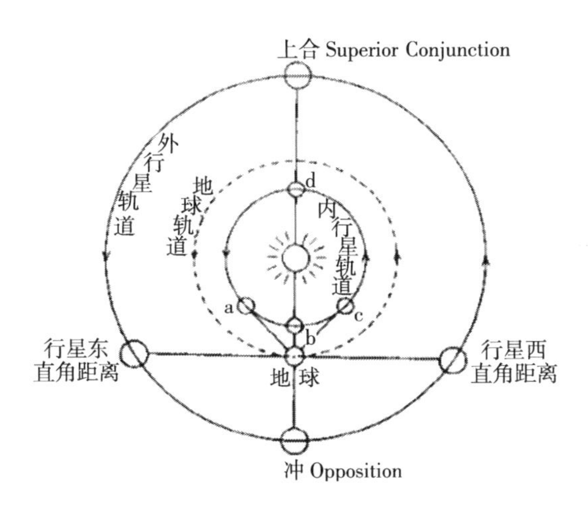

图 4　行星的视运动简图

水星轨道的离心率为 0.2056,水星与太阳的最大角距为 $18° < \arcsin 0.4 < 28°$.拂晓或黄昏时水星处于地平线上面很低的位置,同时水星自身亮度又相对较

低,因此水星很难被目视观察到.

金星轨道的离心率为 0.0068,金星与太阳的最大角距为 $45°<\arcsin 0.7<48°$. 所以早晨拂晓或者黄昏时,常常能够看到天空中悬挂着一颗明亮的星星,那就是金星.

§3 249 个五星聚为构建《五千年中国历史年表》打基础

我们搜寻五星聚的方法是:取定"历元 1962",先做出行星会合周期(行星相邻两次早晨见于东方的时间间隔)$T_i(i=2,3,4,5,6$,见附录 1)的比值的渐近分数. 例如作$\frac{T_2}{T_3}$的秦一左表得$\frac{T_2}{T_3}$的渐近分数

$$\frac{67}{131}>\frac{67\times 24+45\times 5}{131\times 24+88\times 5}=\frac{1833}{3584}>\frac{45}{88}$$

即有 $88T_2\approx 45T_3=35097$ 及 $3584T_2\approx 1833T_3=1429622.7$ 等,微调可得附录 1 中的 $N_{193}=35125$ d 及

$$N_0=1429603\text{ d}=3914T_0+45\text{ d}=x_1T_1=x_2T_2=x_3T_3=x_4T_4<2\times 10^6$$

其中$\frac{N_0}{T_i}=x_i(i=2,3,4)$的小数部分小于 0.1 或大于 0.9(因此聚度小于 72°). 本书就称这时的总数 N 为五星会合周期的公倍数,从而认定为五星聚的天象. 我们不考虑当时是否能目视到五星聚. 这里与 N_0 相对应的"五星聚"年代敲定为公元前(3914－1961＝)1953 年(再查附录 4 为戊子年、$*1$)立春前 45 d 冬至时,五星聚于营室. 如此用"大衍总数术"搜寻并查验有关历

史记载，我们从而确认了附录 1 中 249 个五星聚. 在《岁星纪年、干支纪年和公历纪年的对照表》和核实了的 60 多个五星聚的基础上，构建了附录 4 的五星聚和《五千年中国历史年表》，其中关键性的武王伐纣等年代问题特别需要详细论述.

§4　“五星聚于房”与武王伐纣

武王伐纣是我国历史上一件具有划时代意义的大事.

武王伐纣是周武王继承乃父文王遗志，遵循既定战略方针，在孟津与诸侯结盟，向朝歌派遣间谍，准备伺机兴师. 在进军到距朝歌七十里的牧野地方举行誓师大会，列数纣王的罪状，鼓动军队要和商纣王决战. 这时候纣王的军队主力还在其他地区，一时也调不回来，只好将大批的奴隶和俘虏武装起来，凑了十七万人开向牧野. 可是这些纣王的军队刚与周军相遇时，就掉转矛头引导周军杀向纣王. 结果，纣王大败，连夜逃回朝歌，见大势已去，登上鹿台，纵火自焚而死.

关于牧野之战发生的年代约有 44 种不同说法，从公元前 1130 年到公元前 1018 年都有，以公元前 1066 年、前 1122 年、前 1027 年说最有代表性. 在最早的文献《尚书·牧誓》中，对这次大战的经过曾做了简略的记载. 武王伐纣发生在什么时候?《牧誓》开篇曰:“时甲子昧爽”，仅有纪日，而无明确的年代. 因此，给后人留下了一个千古悬案.《开元占经》卷十九《海中占》曰:“周将伐殷，五星聚于房. 齐恒将霸，王星聚于箕. 汉高祖入秦，五星聚东井.”

“前 1122 年说”源于刘歆的《世经》和《三统历》，此说曾影响了后世的很多学者，但有人批评刘歆的推算是“欲以合《春秋》，横断年数，损夏益周”（《后汉书·律历志》）.

一个历史年代的推算竟引起人们的广泛注目，这在史学研究中是非常罕见的现象. 正确的年代只能是一个，究竟是哪一年？

本书按照天文历史年代学的原理搜索，根据《今本竹书纪年》卷上：“三十二年，五星聚于房”及《国语·周语下》，从附录 4 表中找“五星聚于房” * 9 的可能年代为前 1198、前 1139. 与前 1139 相应的附录 1 的公倍数是 N_{43}，从而得知五星聚于房是在前 1139 年立春前 5 个月，就是夏历七月底，殷历建未的 2 月底，正合历史记载“孟春六旬，五纬聚房”.

我们知道公元前 1123 年（殷纣王受辛三十二年）是在鲁隐公元年（公元前 722 年查附录 4 岁在 * 10）的前 400（—4 是 12 的 33 倍）年，当时不知这 400 年间有 5 个超辰，误推算为 * (10—4)“岁在鹑火”，而事实上应该岁在 * (6—5).

我们再看看公元前 1122 年年首冬至前 3 d 的天象. 这从历元逆向回推 38133 个朔望月

$$38133T_1=1126089.99\ \mathrm{d}=(1122+1961)T_0+48.3\ \mathrm{d}=60\times18768+9.99\ \mathrm{d}$$

这一天朔时是在公元前 1122 年立春前 48.3 d（冬至前 3 d），正是牧野之战胜利纪念日，又是夏历甲子月甲子日，所以被定为周历年首（正月甲子朏）.

《国语·周语下》（公元前 522 年周景）王曰：“七律者何？”（伶州鸠）对曰：“昔武王伐殷，（太）岁在鹑火，月

在天驷(房宿的距星 * 9),日在析木之津(* 10),辰(日月合朔或水星)在斗柄(* 10),星[1]在天鼋(玄枵 * 12).星与日辰之位皆在北维(黄道之北).颛顼之所建也……"这里所说的天象就是公元前 1122 年年首冬至前 6 d,也就是历元前

$$1126093\ \mathrm{d}=3083.140T_0=259.915T_{20}=5011.518T_{50}$$

式中(T_{20},T_{50})是(岁星、金星)相对于恒星背景的公转周期,$T_{20}=4333$ d,$T_{50}=224.7$ d.将历元时日月五星所在直线取为恒心坐标系的 x 轴,日心 O 取为原点.则

(地,岁,金)的方位角依次为

$$-360^\circ\times(0.140,0.915-1,0.518)=$$

$$(-50.4^\circ,30.6^\circ,-186.48^\circ)$$

将恒心坐标系变换为地心(I)黄道坐标系(在冬至前 6 d太阳位于黄经 264°,月在朔前 3 d,日月相距 36°,故上式分别加 314.4°)得:(日,月,岁,金)的黄经依次为

(264°,228°, 345°,314.4°+14.5°[2])

分别属于(* 10, * 9, * 1, * 12).岁在 * 1 则太岁在鹑火与《国语・周语下》所述天象吻合.

此外还有下列七条文献文物进一步为武王伐纣列出了清晰的时间表,可以肯定武王伐纣于公元前 1123

---

① "星"指金星.若指水星,则与水日同宫矛盾.故将"辰"释为金星是错的.

② 位于上合的金星返回到方位角 −186.48°为何换算成 14.5°?这是因为从地心 I 看金星 P 的视线 IP 与日心视线 OP 的方位差异很大.已知日地距 $OI=1$,金日距 $OP=0.7$,故从地心 I 看金日的角距应为

$$\angle OIP=\tan^{-1}\frac{\sin 6.48^\circ}{\frac{10}{7}-\cos 6.48^\circ}\approx 14.5^\circ$$

年年底，成于公元前 1123 年 12 月 30 日(即己卯年甲子月甲子日)，亦是周历年始元旦.

(1)周历元旦前 32 天，也就是夏历九月二十八日“壬辰旁死霸，若翌日癸巳，武王乃朝步自周，于征伐纣”(《尚书·武成》)；“武王始发师东行，时殷(历丑正)十一月二十八日戊子(午)，于夏(历)为十月”(《汉书·律历志下》). 周历元旦前 6 天，(武王)“十有一年，武王伐殷，(十)一月戊午，师渡孟津”(《尚书·泰誓序》).

(2)利簋铭文“武王征商，唯甲子朝(早晨)，(太)岁鼎(上中天在鹑火)克昏辰，夙(日出)有商.”

(3)《荀子·儒效篇》:“武王之诛纣也，行之日以兵忌，东面而迎太岁.”

(4)《淮南子·兵略训》:“武王伐纣，东面而迎岁，……彗星出，而授殷人其柄.”

(5)《吕氏春秋·贵因》:武王至鲔水，殷使胶鬲候周师. 武王见之. 胶鬲曰:“西伯将何之? 无欺我也.”武王曰:“不子欺，将之殷也.”胶鬲曰:“曷至?”武王曰:“将以甲子至殷郊，子以是报矣.”胶鬲行. 天雨雪，日夜不休，武王疾行不辍. 军师皆谏曰:“卒病，请休之.”武王曰:“吾已令胶鬲以甲子之期报其主矣. 今甲子不至，是令胶鬲不信也，其主(微子)必杀之. 吾疾行，以救胶鬲之死也.”

(6)《皇极经世·观物篇》:公元前 1138 年“癸亥，商王纣放文王归于国，赐命为西方诸侯伯.”

公元前 1132 年周文王受命七年，“己巳，周文王没，元子发践位，是谓武王. 葬文王于毕.”

公元前 1122 年“己卯，吕尚相武王，伐商，师逾孟津，大陈兵于商郊，败之于牧野．杀纣，立其子武庚为后．还师，在丰践天子位，南面朝诸侯，大诰天下．以子月为岁，始曰年．与民更始．”这比夏商周断代工程确定的公元前 1046 年“岁在鹑尾”早 76 年(恰为哈雷彗星的周期)．

公元前 1116 年“乙酉，周武王(17 年)崩，元子诵践位，是谓成王．周公为太师，召公为太保，…… 率天下诸侯夹辅王室．”

(7)《史记・周本纪》“既克殷后二年 …… 武王病 …… 有瘳而后崩．…… 周公乃行政当国 …… 行政七年，成王长，周公反政成王．”

§5　公元前 2289 年“辰弗集于房”

查附录 1 中 N_{-21} = 1552069 d = 2289 年 + 1961 年 − 210 d = 52558 朔望月．敲定公元前 2289 年(* 9 岁在大火)八月朔日早晨拂晓五星聚集于房，而且三个月前即五月朔日有日食(因为 52561 朔望月 = 1552157.5 d = 57039 交点月 = 4478 食年)．正合于中国最古的《尚书・胤征篇》的记载：主管天占的“羲和颠覆厥德，沈乱于酒，…… 昏迷于天象”．未能预报五月初一的日食和“季秋月朔，辰弗集于房”引起“瞽奏鼓，啬夫驰，庶人走”．这是世界上有关日食和五星聚的最早纪录，是(公元前 2161 年)仲康二年“命胤侯征羲氏、和氏”《皇极经世・观物篇》．

§6 炎帝"七曜起于天关"在公元前2863年

查附录1中

$$N_{-40}=1761908\ \mathrm{d}=60\ \mathrm{d}\times 29365+8\ \mathrm{d}=2863T_0+1961T_0-20\ \mathrm{d}=59664T_1-5.2\ \mathrm{d}$$

是指历元前59664个月朔后第5.2天，距历元1962(寅月甲戌日)有29365个甲子加上8 d，丙寅(甲戌前8 d).立春后20天应在夏历正月(寅月)公元前2863年(戊寅年).所以这一天是寅年寅月寅日(三寅).朔日前后，日月五星(七曜)聚于*4.这与下列两条正合：

(a)(宋)罗泌《路史》的记载：炎帝神农氏"三朝具于摄提，七曜起于天关(毕宿*4)，所谓太初历也."其注曰"神农之历自曰太初，非汉之太初也."现今夏历系指太初历也.

(b)《史记·历术甲子篇》载"太初元年，岁名焉逢摄提格，月名毕(*4，五星)聚日得甲子(甲戌前10 d)，夜半朔旦冬至(立春前45 d).正北十二无大余无小余."

$$N_{-40}+65\ \mathrm{d}=60\ \mathrm{d}\times 29366+13\ \mathrm{d}=2863T_0+1961T_0+45\ \mathrm{d}=59666T_1+0.7\ \mathrm{d}$$

这表明太初元年的天象与本书推算的冬至朔旦甲子仅3 d的偏差.

又 $N_{44}=1131610\ \mathrm{d}=1137$ 年 $+1961$ 年 $+90\ \mathrm{d}=38320$ 月 $-2.3\ \mathrm{d}$，立春前90天，即公元前1138年11

月 19 日甲子年甲子[1]月甲子日(三甲),七曜同宫于(∗11)星纪.合于如下三条:

(c)《汉书·律历志》“汉历太初元年(丁丑公元前 104 年),距上元十四万三千一百二十七岁(三统 4617 的 31 倍),前十一月甲子朔旦冬至,岁在星纪婺女六度.”

(d)《汉书·律历法》“太初上元甲子夜半朔旦冬至时,七曜皆会聚斗牵牛分度,夜尽如含璧连珠.”

(e)(《开元占经》卷五)《尚书考灵曜》曰:“天地开辟,曜满舒元,历纪名月,首甲子冬至,日月五纬俱起牵牛初度,日月若悬璧,五星若连珠.”

---

① 查《中华五千年长历》公元前 1138 年 11 月 16 日辛酉为朔日,这表明本书计算的结果与我国三千五百年的日历是一致的,但《中华日历通典》月序却不是甲子而是癸亥,这差异源于古代闰月规则各有不同.

"不寻天道,模袭何益."

——秦九韶

万物周期旋转之道

第9章

前面我们是从时间的角度对多个星体运行轨道旋转的周期性做了探索,本章要从空间的角度对两个星体周期旋转的轨道做出更新的探索.

天文学家开普勒(1571—1630)分析了第谷等人数千张星象图,与按匀速圆周运动理论推算出的火星位置比较,发现有 $8'$ 的偏差,从而将圆周轨道改进为椭圆轨道,归纳而得到行星运动的开普勒三定律:

(1)椭圆定律:行星绕太阳公转运动的轨道是椭圆,太阳位于椭圆的一个焦点上;

(2)面积定律:联结太阳到行星的直线段(向径 r)在相等的时间内扫过的面积相等,即面积速度为常量;

开普勒坚信自然界存在着把全体行星完整地联系在一起的简单法则.经过九年的反复计算和假设,终于在 1619 年找到了隐匿在大量观测数据后面的"宇宙的和谐"性.

(3)周期定律:各个行星绕太阳公转周期的平方与轨道半长径的立方之比为常数.

牛顿于 1687 年进一步总结出物体运动的三条基本规律,其中牛顿的运动定律说:物体受外力 F 作用,就在外力作用方向得到加速度 $\boldsymbol{a}=\frac{\mathrm{d}\boldsymbol{v}}{\mathrm{d}t}$($\boldsymbol{v}=\frac{\mathrm{d}\boldsymbol{r}}{\mathrm{d}t}=\dot{\boldsymbol{r}}$ 是向径 $\boldsymbol{r}$ 对时间 t 的变化率),即物体运动满足下面的方程或微分方程

$$\boldsymbol{F}=m\boldsymbol{a} \text{ 或 } m\frac{\mathrm{d}\boldsymbol{v}}{\mathrm{d}t}=\boldsymbol{F} \tag{1}$$

牛顿进一步提出万有引力理论,推演出牛顿万有引力公式

$$F=-k\frac{Mm}{r^2} \tag{2}$$

给出了行星运动的缘由. 这为天体力学奠定了基础,也是宇宙航行计算的基础. 他取得了辉煌的成就,但是也存在某些困难. 例如,在万有引力公式(2)中,当 r 趋近于 0 时,F 趋于无限大,这与事实偏离太大,人们想要消除"奇异性",近三百年没有解决.

在第 7 章我们就指出,月球绕地球的运行轨道是空间螺旋线,近似于有微小退动的椭圆螺旋线;地球绕太阳运行的轨道也近似于椭圆螺旋线. 更一般地说,行星周期运动的轨道都近似于椭圆螺旋线.

§1　周期运动的轨道方程

设行星 $P(m)$ 绕太阳 $O(M)$ 公转运动的轨道为椭圆螺旋线(图 5),它的极坐标方程(极点 O 是椭圆的一个焦点)为

$$r=\frac{p}{1+e\cos\dfrac{\theta}{\mu}} \tag{3}$$

这里近日点的极坐标为($r_{\min}$,$2n\pi\cdot\mu$),远日点的极坐标为($r_{\max}$,$(2n+1)\pi\cdot\mu$),其中($n=0,1,2,3,\cdots$),$r_{\min}=\frac{p}{1+e}$,$r_{\max}=\frac{p}{1-e}$,$\frac{1}{2}(r_{\max}+r_{\min})=\frac{p}{1-e^2}=a$为椭圆的半长径,$e$为离心率,$\mu$为进退率:

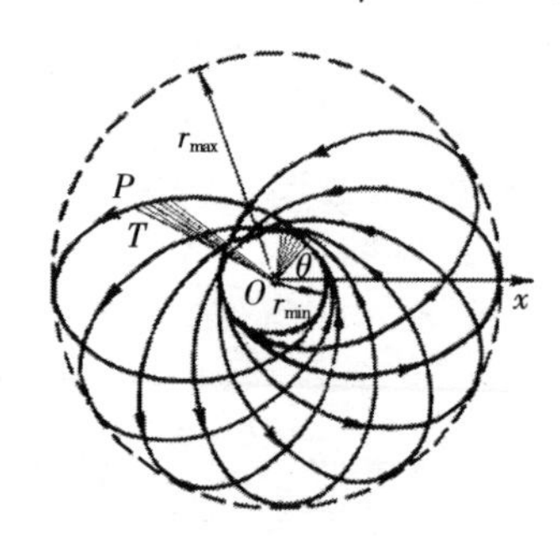

图5　椭圆螺旋线

当$\mu=1$时,曲线(3)就是不动的椭圆;

当$1<\mu\leqslant\frac{3}{2}$时,近日点进动角为$\Delta\theta=2\pi(\mu-1)$,这时恒星周期小于近点周期;

当$\frac{1}{2}\leqslant\mu<1$时,近日点退动角为$\Delta\theta=2\pi(1-\mu)$,这时恒星周期大于近点周期.

注意当$\mu=\frac{1}{2}$时就是一条封闭曲线特称之哑铃形,

向径$OP=(x,y)$,即$\boldsymbol{r}=(r\cos\theta,r\sin\theta)$从近日点到下一个近日点所历时间$T$称为行星的近点周期,向径所扫过的面积

$$A=\int_0^{2\pi\mu}\frac{1}{2}r^2\mathrm{d}\theta=\mu\int_0^{\pi\mu}\frac{p^2\mathrm{d}\left(\frac{\theta}{\mu}\right)}{\left(1+e\cos\frac{\theta}{\mu}\right)^2}=$$

$$\mu\pi ab=\mu\pi a^2\sqrt{1-e^2}$$

故行星的面积速度

$$\dot{A}=\frac{A}{T}=\frac{\mu\pi a^2\sqrt{1-e^2}}{T}$$

§2　万物周期运动的中心力场与势函数

行星沿椭圆螺旋线轨道做周期运动，这个自然现象的缘由是什么？本文作者用微分方法，就找到了如下形式的**万有引力斥力公式**

$$F=-k\frac{Mm}{r^2}\cdot\frac{\sin\sqrt{\frac{a_0}{r}}}{\sqrt{\frac{a_0}{r}}}=-m\frac{\mathrm{d}\left[\frac{2kM}{a_0}\left(\left(\cos\sqrt{\frac{a_0}{r}}-1\right)\right]}{\mathrm{d}r}\tag{4}$$

其中 $a_0=12p(1-\mu)\geqslant 4r_s>0$，$r_s=\frac{2kM}{c^2}$称为黑洞半径或史瓦西半径.

在公式(4)中，当 $r>a_0\cdot 10^6$ 时，$\sin\sqrt{\frac{a_0}{r}}\approx\sqrt{\frac{a_0}{r}}$，即对于宏观世界，公式(4)与牛顿万有引力公式(2)从数量上看只有极微小的差异.

将式(4)改用三维向量形式表示，就是

$$\boldsymbol{F}=-m\nabla U$$

其中

$$U=\frac{2kM}{a_0}\left(\cos\sqrt{\frac{a_0}{r}}-1\right)=\frac{-4kM}{a_0}\sin^2\sqrt{\frac{a_0}{4r}} \qquad (5)$$

称为势函数. 因 $|U|=\frac{4kM}{a_0}\leqslant\frac{kM}{r_s}=\frac{1}{2}c^2$ 表明这个中心力场的势是有界的. 势函数也就是原子结构专家费尽心思通过解数理方程寻找的波函数(图 6).

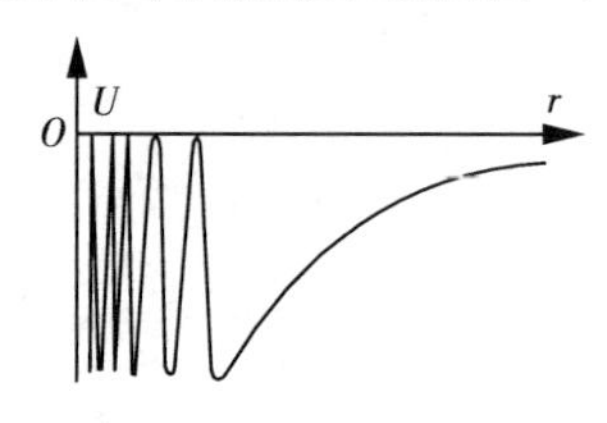

图 6

势函数 U 的梯度 ∇U 表示场强度,梯度 ∇U 的散度[14]18为

$$\nabla^2 U=\frac{kM}{2r^3}\left(\frac{\sin\sqrt{\frac{a_0}{r}}}{\sqrt{\frac{a_0}{r}}}-\cos\sqrt{\frac{a_0}{r}}\right) \qquad (6)$$

因为质量 M 与能量 E 有确定的关系 $E=\frac{1}{2}Mc^2$,所以式(6)与著名的泊松方程 $\nabla^2 U=4\pi k\rho$[15]57 比较,可以获得该中心力场的质能分布密度为

$$\rho(r)=\frac{M}{8\pi r^3}\left(\frac{\sin\sqrt{\frac{a_0}{r}}}{\sqrt{\frac{a_0}{r}}}-\cos\sqrt{\frac{a_0}{r}}\right)\approx\frac{M}{4\pi r^3}\sin^2\sqrt{\frac{a_0}{4r}} \qquad (7)$$

而牛顿引力势 $U=\frac{-kM}{r}$ 满足拉普拉斯方程 $\nabla^2 U=0$,

牛顿引力场的物质分布密度除奇点外处处为 0，这与式(7)有着质的差异.

距离太阳 $r=1$ 光年处的质能分布密度(如果取 $1-\mu=10^{-t}$)

$$\rho(r)\approx\frac{(1-\mu)aM}{2\pi r^4}$$

$$\rho(10^{18})\approx\frac{10^{-t}\times1.5\times10^{13}\times1.99\times10^{33}}{2\times3.14\times10^{18\times4}}\approx 4.75\times10^{-27-t}(\mathrm{g/cm^3})$$

这对于研究宇宙因子[15]83是有用的.

若依据公式(4)，计算动能

$$E_r=\frac{1}{2}mv^2=\int_{\infty}^{r}F\mathrm{d}r=\frac{2kMm}{a_0}\left(1-\cos\sqrt{\frac{a_0}{r}}\right)=\frac{4kMm}{a_0}\sin^2\sqrt{\frac{a_0}{4r}}\approx\frac{kMm}{r}\tag{8}$$

可知在 $r\geqslant\frac{a_0}{4}=3p(1-\mu)\geqslant r_s=\frac{2kM}{c^2}>0$ 的条件下(轨道的近日点必有退动)，$v^2=\frac{8kM}{a_0}\sin^2\sqrt{\frac{a_0}{4r}}\leqslant\frac{8kM}{a_0}\leqslant\frac{8kM}{4r_s}=c^2$ 动能 E_r 有上界. 而对于 $1\leqslant\mu\leqslant\frac{3}{2}$，即若承认轨道的近日点有进动或不动，相应的动能 E_r 就没有上界. 牛顿引力理论的“奇异性”当然就会存在.

§3　量子数 n 与原子结构

式(4)中当 r 很小时，$\sin\sqrt{\frac{a_0}{r}}$ 可正可负，表明两质点之间不仅有引力还存在着很强的斥力. 具体说，在

$$2n\pi<\sqrt{\frac{a_0}{r_l}}<(2n+1)\pi\quad(n=1,2,3,4)$$

内有强引力;在

$$(2n-1)\pi<\sqrt{\frac{a_0}{r_{l-1}}}<2n\pi\quad(n=1,2,3,4)$$

内有强斥力.

强斥力场(势垒)与强引力场(势阱)成为主副(阴阳)相间分布的多层同心球壳.正负电子均匀分布在各主副层球壳中做周期性波动.对应于量子数 n 的轨道半长径 a_n 若设为

$$a_n=\frac{a_0}{4\pi^2n^2}\tag{9}$$

将式(9)代入式(8)便得能量公式

$$E_n\approx\frac{kMm}{a_n}=\frac{n^2(\pi mr_sc)^2}{8ma_0r_s}\tag{10}$$

这与原子核外相应能级的能量公式[16]20 $E_n=\frac{n^2h^2}{8ml^2}$相合.

$\{2n^2\}=\{2,8,18,32\}$所对应的原子核外的 4 个壳层可容纳 7 个周期的正负电子数是

{外—2; 8,—8; 18,—18; 32,—32; 内核}

原子序数{2;2+8,10+8;18+18,36+18;54+32,86+32}恰是满壳层的惰性气体.下面的元素周期表(王果,元素周期表的创意,见图 7)与我们设想的原子结构基本相合,但要将内与外颠倒过来看,电子的分布是内紧外松.

依据同性相斥,异性相吸的原理,我们自然认为在原子内部存在反物质(或称暗物质)(老子所说的道).引力源自暗物质,暗物质对物质的作用表现为引力(远程力),物质对物质的作用表现为斥力(短程力).公式(4)

中的力实际上是引力与斥力的合力. 这是我们的理论与牛顿引力理论的重大区别. 我们将引力与光速、黑洞半径[①]联系起来,很自然地消除了牛顿万有引力公式的"奇异性",使经典力学与相对论、量子力学、原子结构互相协调,使关于微观与宏观世界的理论和谐统一起来.

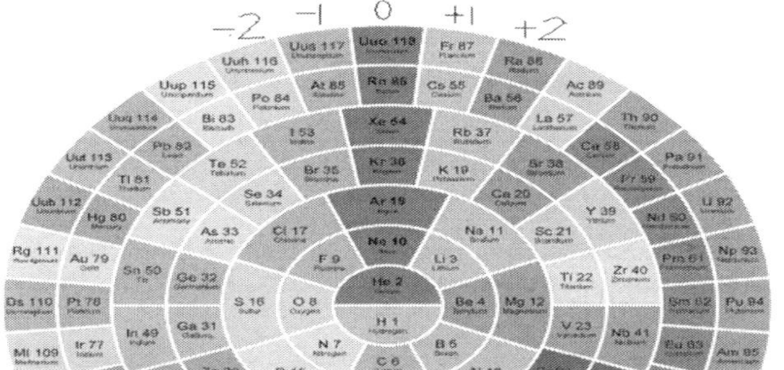

图 7

注　图 7 见插页 1.

§4　万有引力斥力公式的发现过程

行星 P 的位置 (r,θ) 是时间 t 的函数,设行星的运

---

① 太阳的黑洞半径为 $\frac{2\times 6.67\times 10^{-11}\times 1.99\times 10^{30}}{(3\times 10^{8})^{2}}=2.95\times 10^{3}\ \mathrm{m}$;
地球的黑洞半径为 $\frac{2\times 6.67\times 10^{-11}\times 5.9737\times 10^{24}}{(3\times 10^{8})^{2}}=8.85\times 10^{-3}\ \mathrm{m}$;
氢原子核的黑洞半径为 $\frac{2\times 6.67\times 10^{-11}\times 1.67\times 10^{-27}}{(3\times 10^{8})^{2}}=2.5\times 10^{-54}\ \mathrm{m}$.

动方程为

$$\begin{cases} r=\dfrac{p}{1+e\cos\dfrac{\theta(t)}{\mu}} \\ \theta=\theta(t) \end{cases} \tag{10}$$

它是受力 $\boldsymbol{F}=m\dfrac{\mathrm{d}\boldsymbol{v}}{\mathrm{d}t}$作用的结果. 用极坐标表示

$$\boldsymbol{v}=\frac{\mathrm{d}\boldsymbol{r}}{\mathrm{d}t}=(\dot{r}\cos\theta-r\dot{\theta}\sin\theta,\dot{r}\sin\theta+r\dot{\theta}\cos\theta)$$

$$\boldsymbol{F}=(F_r,F_\theta)=\left(m(\ddot{r}-r\dot{\theta}^2),\frac{1}{r}\cdot\frac{\mathrm{d}(mr^2\dot{\theta})}{\mathrm{d}t}\right) \tag{11}$$

式(10)应该是微分方程组(11)的一个(近似)解. 我们就是将式(10)代入微分方程组(11)而发现引力斥力公式(4)的.

据开普勒的面积定律说，面积速度 $\dot{A}=\dfrac{\mathrm{d}A}{\mathrm{d}t}=\dfrac{1}{2}r^2\dot{\theta}$为常量(也就是说轨道角动量 $L=mr^2\dot{\theta}$ 守恒)，代入式(11)可知 $F_\theta=0$，行星所受的力 $F=|\boldsymbol{F}|=F_r$ 是有心力.

将式(10)对时间 t 求导

$$\dot{r}=\frac{\mathrm{d}r}{\mathrm{d}t}=\frac{\mathrm{d}r}{\mathrm{d}\theta}\cdot\dot{\theta}=\frac{pe\sin\dfrac{\theta}{\mu}}{\left(1+e\cos\dfrac{\theta}{\mu}\right)^2}\cdot\frac{2\dot{A}}{\mu r^2}=\frac{2\dot{A}e\sin\dfrac{\theta}{\mu}}{\mu p}$$

再求导

$$\ddot{r}=\frac{\mathrm{d}\dot{r}}{\mathrm{d}\theta}\cdot\dot{\theta}=\frac{4\dot{A}^2e\cos\dfrac{\theta}{\mu}}{p\mu^2r^2}=\frac{4\dot{A}^2}{p\mu^2r^2}\left(\frac{p}{r}-1\right)$$

代入式(11)得

$$F=F_r=m(\ddot{r}-r\dot{\theta}^2)=\frac{4m\dot{A}^2}{p\mu^2r^2}\left(\frac{p}{r}-1\right)-\frac{4m\dot{A}^2}{r^3}=$$

$$\frac{4m\dot{A}^2}{-p\mu^2r^2}\left[1+(\mu^2-1)\frac{p}{r}\right]=\quad(\text{记 }\mu=1\mp\varepsilon,4\dot{A}^2=p\mu^2kM)$$

$$\frac{kMm}{-r^2}\left[1\mp\frac{2\varepsilon p}{r}+\varepsilon^2\ \frac{p}{r}\right]=\quad(\text{记 }2\varepsilon p=\frac{a_0}{6}\geqslant 0)$$

$$\frac{kMm}{-r^2}\left[1\mp\frac{a_0}{6r}+\cdots\right]\approx$$

$$\frac{kMm}{-r^2}\left[\left(\frac{a_0}{r}\right)^{\frac{1}{2}}\mp\frac{1}{3!}\left(\frac{a_0}{r}\right)^{\frac{3}{2}}+\frac{1}{5!}\left(\frac{a_0}{r}\right)^{\frac{5}{2}}\mp\cdots\right]\div\left(\frac{a_0}{r}\right)^{\frac{1}{2}}$$

即得万有引力斥力公式

$$F=\begin{cases}-k\dfrac{Mm}{r^2}\cdot\dfrac{\sin\sqrt{\dfrac{a_0}{r}}}{\sqrt{\dfrac{a_0}{r}}}=-k\dfrac{2Mm}{a_0}\cdot\dfrac{\mathrm{d}(\cos\sqrt{\dfrac{a_0}{r}})}{\mathrm{d}r} & (12)\\ \quad[a_0=12p(1-\mu)]\geqslant 4r_s & \\ -k\dfrac{Mm}{r^2}\cdot\dfrac{\mathrm{sh}\sqrt{\dfrac{a_0}{r}}}{\sqrt{\dfrac{a_0}{r}}}=-k\dfrac{2Mm}{a_0}\cdot\dfrac{\mathrm{d}(\mathrm{ch}\sqrt{\dfrac{a_0}{r}})}{\mathrm{d}r} & (12')\\ \quad[a_0=12p(\mu-1)]\geqslant 0 & \end{cases}$$

公式(12′)是近日点进动的情形，用它是不可能消除牛顿万有引力的“奇异性”的．所以我们主张只用公式(12)．①

---

① 只用公式(12)，如果取 $a_0=18r_s=\frac{36kM}{c^2}$，就可以得到退动角公式：$\Delta\theta=2\pi(1-\mu)=\frac{\pi a_0}{6p}=\frac{24\pi^3a^2}{T^2(1-e^2)c^2}$，这与广义相对论有关水星近日点进动角大小完全一致[17]103，但是究竟是进动还是退动需要重新观测鉴别．

将面积速度 $\dot{A}=\frac{A}{T}=\frac{\mu\pi a^2\sqrt{1-e^2}}{T}\left(\frac{1}{2}\leqslant\mu<1\right.$ 退动轨道角动量有耗散$\left.\right)$代入 $4\dot{A}^2=p\mu^2kM$ 立刻推得开普勒的周期定律

$$\frac{a^3}{T^2}=\frac{kM}{4\pi^2}=\frac{r_sc^2}{8\pi^2} \tag{13}$$

这是一个非常优美的公式，它描述了物质运动(质能)与空间、时间三者之间的和谐关系. 太阳的质量 M(或太阳的黑洞半径)完全决定了周围的状态，各行星的轨道半长径 a 的立方与(近点)公转周期 T 的平方之比仅与太阳中心质量 M 有关，而与各行星自身的质量 m、离心率 e、进退率 μ 等无关.

更让人不可思议的是：知道某一个行星的轨道半长径和公转周期，就可以计算出太阳的质量！

数学让人陶醉，金玉自在其中.

推广到多项式理论

第10章

§1 多项式理论中与它相似的定理

一个变量的多项式理论与整数论是很相似的，因为它们的基础相似．一个变量的多项式全体与整数的全体，都有加减乘，都有运算的基本规则——结合律、分配律、交换律．用抽象代数语言说，都成环，成整域，而且各自有一套带余式除法，从而都有唯一因子分解定理．特别地，像整数里一样，有这样一个定理：若 $f(x)$ 与 $g(x)$ 是两个互素的多项式，那么一定存在另两个多项式 $h(x)$ 与 $k(x)$ 使

$$h(x)f(x)+k(x)g(x)=1$$

前面我们正是引用了这一性质证明了中国剩余定理．于是我们也就可得与中国剩余定理相似的一个定理．

设 $m_1(x),m_2(x),\cdots,m_r(x)$ 是 r 个两两互素的多项式，$a_1(x),\cdots,a_r(x)$ 是 r 个任给的多项式，那么一定存在多项式 $X(x)$

满足

$$\begin{cases} X(x)\equiv a_1(x)(\mathrm{mod}\ m_1(x)) \\ X(x)\equiv a_2(x)(\mathrm{mod}\ m_2(x)) \\ \qquad\vdots \\ X(x)\equiv a_r(x)(\mathrm{mod}\ m_r(x)) \end{cases}$$

而且在 $\mathrm{mod}\ m(x)(m(x)=m_1(x)\cdots m_r(x))$ 下是唯一的. 如果我们要求 $X(x)$ 的次数不超过 $m(x)$ 的次数的话, 那么 $X(x)$ 是唯一决定的.

证法是类似的, 就不重复了. 值得一提的是当 $m_i(x)=x-b_i$ 都是一次多项式时, 这里 $b_1,\cdots,b_r$ 是互不等的常数, 这些 $m_i(x)$ 也就是两两互素的多项式, 这时候由余数定理我们知道

$$a_i(x)\equiv a_i(b_i)(\mathrm{mod}(x-b_i))$$

于是上述定理就成为: 一定存在多项式 $X(x)$ 使

$$\begin{cases} X(x)\equiv A_1(\mathrm{mod}(x-b_1)) \\ X(x)\equiv A_2(\mathrm{mod}(x-b_2)) \\ \qquad\vdots \\ X(x)\equiv A_r(\mathrm{mod}(x-b_r)) \end{cases}$$

其中 $A_1,\cdots,A_r$ 是任意先给的常数, $b_1,\cdots,b_r$ 也是先给的互不等的常数, 而且解多项式 $X(x)$ 在次数不超过 r 的条件下是唯一决定的. 但 $X(x)\equiv A_i(\mathrm{mod}(x-b_i))$ 与 $X(b_i)=A_i$ 是一样的. 因此我们有这样定理: 对任意 r 个互不同的数 $b_1,\cdots,b_r$ 及任意 r 个数 $A_1,\cdots,A_r$, 唯一地存在次数小于 r 的多项式 $X(x)$ 使

$$X(b_i)=A_i\quad(i=1,\cdots,r)$$

这就是插值多项式的存在与唯一性. 这个插值多项式 $X(x)$ 怎么找? 根据中国剩余定理的证法, 只要找多项式 $M_i(x), i=1,\cdots,r$, 使 $M_i(x)\equiv 1(\mathrm{mod}(x-b_i))$,

$M_i(x)\equiv 0(\bmod(x-b_j))$，对 $i\neq j$，这样的多项式很好找，事实上

$$M_i(x)=\frac{(x-b_1)\cdots(x-b_{i-1})(x-b_{i+1})\cdots(x-b_r)}{(b_i-b_1)\cdots(b_i-b_{i-1})(b_i-b_{i+1})\cdots(b_i-b_r)}$$

就能满足. 于是插值多项式 $X(x)$ 就是

$$X(x)=A_1M_1(x)+A_2M_2(x)+\cdots+A_rM_r(x)$$

这就是所谓拉格朗日(Lagrange)的插值公式. 在实际应用中这是很有用的.

§2　交换环理论中的直和分解定理

把中国剩余定理与插值多项式定理放在一个模子里来讨论，就得到这样的结果：在欧氏整域 R 中，设 r 个互素的元素 $m_1,\cdots,m_r$ 及任意 r 个元素 $a_1,\cdots,a_r$，则一定存在 R 中元素 x 使

$$\begin{cases}x\equiv a_1(\bmod(m_1))\\ x\equiv a_2(\bmod(m_2))\\ \quad\vdots\\ x\equiv a_r(\bmod(m_r))\end{cases}$$

这里 (m_i) 表示由元素 m_i 所生成的 R 的理想，而 $a\equiv b(\bmod(m_i))$ 是表示 $a-b\in(m_i)$. 这个定理实质上是整域 R 的分解定理. 事实上，设 $\mathfrak{u}_1,\cdots,\mathfrak{u}_r$ 为整域 R 的 r 个理想，那么就有从 R 到直和环 $R/\mathfrak{u}_1\oplus\cdots\oplus R/\mathfrak{u}_r$ 内的自然同态 $f:x\in R\rightarrow(x+\mathfrak{u}_1,\cdots,x+\mathfrak{u}_r)$. 如果 $\mathfrak{u}_1\cap\cdots\cap\mathfrak{u}_r=\{0\}$，那么 f 就是内射的(当 $m_1,\cdots,m_r$ 互素时，这条件显然满足的). 所以只要 f 是满射时，R 就有直和分解

$$R\cong R/\mathfrak{u}_1\oplus\cdots\oplus R/\mathfrak{u}_r$$

而 f 是满射就相当于同余组

$$\begin{cases} x\equiv a_1(\mathrm{mod}\ \mathfrak{u}_1) \\ x\equiv a_2(\mathrm{mod}\ \mathfrak{u}_2) \\ \quad\vdots \\ x\equiv a_r(\mathrm{mod}\ \mathfrak{u}_r) \end{cases}$$

对任意 R 中元素 $a_1,\cdots,a_r$ 有解. 这就是中国剩余定理所提出的问题. 所以中国剩余定理成立的情况就相当于 R 的直和分解. 在一般交换环中有这样一个定理：设 R 是具单位元素的交换环，$\mathfrak{u}_1,\cdots,\mathfrak{u}_r$ 为 R 中理想，若 $\bigcap_{i=1}^{r}\mathfrak{u}_i=\{0\}$，且 $\mathfrak{u}_i+\mathfrak{u}_j=1(i\neq j)$，则

$$R\cong R/\mathfrak{u}_1\oplus\cdots\oplus R/\mathfrak{u}_r$$

这个环论中的基本的定理，实质上是相当于中国剩余定理.

§3 赋值论中的逼近定理

赋值论是近代代数中几个重要分支，如代数整数论、代数函数论、代数曲线论的基础. 而中国剩余定理在赋值中起着非常基础的作用，它用逼近定理的形式出现.

先谈一下有理数域上的赋值，简单地说有理数域上的赋值是在有理数域上给一个拓扑. 在一个集合 M 上给拓扑有很多办法，最简单的是，设法在 M 上给出距离，所谓距离就是 M 上两个变量函数 d，即对任意 M 中两个元素 x 与 y 有一个实数 $d(x,y)$ 与之对应，而且 d 满足下列三个条件：

(i) $d(x,y)\geqslant 0$ 对 M 中任意元素 x 与 y，而且 $d(x,y)=0$ 当且仅当 $x=y$；

(ii)$d(x,y)=d(y,x)$对 M 中任两元素 x,y;

(iii)若 x,y,z 为 M 中任三个元素,则总有

$$d(x,y)\leqslant d(x,z)+d(z,y)$$

这相当于通常空间中的两边之和大于第三边.这个函数 d 就叫作 M 中的一个距离.有了距离就有了远近概念,就有邻域,就可以建立起极限理论,就叫作有了拓扑.在同一个集合上可以给出各种不同的拓扑.譬如 $\mathbf{Q}$ 是有理数全体,我们可以在 $\mathbf{Q}$ 上把通常的距离作为距离,即令

$$d_0(x,y)=|x-y| \quad (x,y\in\mathbf{Q})$$

于是可以验证 d_0 是 $\mathbf{Q}$ 上的距离.也可以用另外方式给距离,例如,设 p 为一素数,而 $x-y=\varepsilon p^n$,这里 ε 是分子分母中都不含 p 为因数的有理数,n 是整数,它由 x 与 y 唯一确定,于是我们定义

$$d_p(x,y)=\left(\frac{1}{p}\right)^n$$

可以验证 d_p 是 $\mathbf{Q}$ 上的一个距离,从而也就在 $\mathbf{Q}$ 上给了新的拓扑.这种距离也可以先给出赋值然后导出距离.所谓 $\mathbf{Q}$ 上的赋值是定义于 $\mathbf{Q}$ 上的实值函数 φ,它满足:

(i)$\varphi(x)\geqslant 0$ 对任一有理数 x,而且等于零当且仅当 $x=0$;

(ii)$\varphi(xy)=\varphi(x)\varphi(y)$对任何有理数 x 与 y;

(iii)$\varphi(x+y)\leqslant\varphi(x)+\varphi(y)$对任何有理数 x,y.

有了赋值 φ,再定义 $d(x,y)=\varphi(x-y)$就是一个距离,从而也就有了拓扑.通常的绝对值就是 $\mathbf{Q}$ 上一个赋值.对于有理数 $x=\varepsilon p^n$,其中 ε 是分子分母都不含 p 为因数的有理数,n 是整数,那么函数 $\varphi_p(x)=\left(\frac{1}{p}\right)^n$ 就是 $\mathbf{Q}$ 上的一个赋值,叫作 $\mathbf{Q}$ 的 p—进赋值,它所导

出的距离就是前面所给的距离 d_p. 可以证明 **Q** 的赋值基本上就是这些了(绝对值以及每个素数 p 相应的 p—进赋值),所谓基本上就是指如果赋值所导出的拓扑相同的话就算相同. p—进赋值所引进的拓扑叫作 p—进拓扑. 在 p—进拓扑中极限与通常的极限完全不一样. 例如在 7—进拓扑中,数列 $7,7^2,7^3,7^4,\cdots$ 是以 0 为极限,在通常拓扑中就没有极限(在有理数域中).

在赋值论中的一个基本定理叫作逼近定理,以 **Q** 为例,这个定理说:任意给 $\varepsilon>0$,r 个不同素数 $p_1,\cdots,p_r$ 及 r 个有理数 $a_1,a_2,\cdots,a_r$ 总存在有理数 x 使

$$d_{p_i}(x,a_i)=\varphi_{p_i}(x-a_i)<\varepsilon \quad (i=1,2,\cdots,r)$$

意思也就是说,总有 x 在 p_i—进拓扑下很接近 a_i,对 $i=1,\cdots,r$ 同时成立.

这个定理的成立就是由于中国剩余定理. 为了简化,我们只考虑整数. 对 $i=1,\cdots,r$ 总可以取 n_i 使 $\left(\frac{1}{p}\right)^{n_i}<\varepsilon$($\varepsilon$ 是先给定的),于是只要整数 x 满足 $x\equiv a_i(\bmod p_i^{n_i})$,就能得:$d_{p_i}(x,a_i)=\left(\frac{1}{p_i}\right)^{n_i}<\varepsilon$. 因此如果同余组

$$\begin{cases} x\equiv a_1(\bmod p_1^{n_1}) \\ x\equiv a_2(\bmod p_2^{n_2}) \\ \quad\vdots \\ x\equiv a_r(\bmod p_r^{n_r}) \end{cases}$$

有解,这个解就能满足 $d_{p_i}(x,a_i)<\varepsilon$. 而这同余组有解就是中国剩余定理,因而也就由此推出赋值论中的逼近定理. 当然逼近定理不限于有理数域,许多域上有这样类似的性质,而且用各种不同形式出现,但是归根结底还是中国剩余定理的思想.

附录 1　五星会合周期 T_i 的公倍数 N_j 与 T_i 的比值表

历元取在公元 1962 年(壬寅年)2 月 5 日，夏历正月初一(寅月甲戌日)8:10 朔日全食，日月五星聚于宝瓶座；2 月 4 日 15:18 立春

会合周期 T_i / 公倍数 N_j	1(回归)年 T_0= 365.2422 d	月亮 T_1= 29.530592 d	木星 T_2= 398.884 d	火星 T_3= 779.936 d	土星 T_4= 378.092 d
N_{-44}=1835250 d=5024.7 年	−3063.7 年−1961 年	$62148T_1$−17 d	4600.962	2353.078	4853.977
N_{-43}=1813330 d=4964.7 年	−3003.7 年−1961 年	$61405T_1$+4 d	4546.008	2324.973	4796.002
N_{-42}=1798584 d=4924.4 年	−2963.4 年−1961 年	$60906T_1$−6 d	4509.040	2306.066	4757.001
N_{-41}=1783792 d=4883.9 年	−2922.9 年−1961 年	$60405T_1$−3 d	4471.957	2287.100	4717.878
N_{-40}=1761908 d=4824 年三寅	−2863 年−1961 年+20 d	$59664T_1$−5 d	4417.094	2259.042	4659.998
$4N$=1740740 d=4766 年	−2805 年−1961 年	$58947T_1$+0.2 d	4364.026	2231.901	4604.012
N_{-38}=1739970 d=4763.9 年	−2802.9 年−1961 年	$58921T_1$−2 d	4362.095	2230.914	4601.975
N_{-37}=1725212 d=4723.5 年	−2762.5 年−1961 年	$58422T_1$−24 d	4325.097	2211.992	4562.942
N_{-36}=1711207 d=4685.1 年	−2724 年−1961 年−47 d	$57947T_1$−2 d	4289.987	2194.035	4525.901
N_{-35}=1701041 d=4657.2 年	−2696.2 年−1961 年	$57603T_1$−9.7 d	4264.500	2181.001	4499.013
N_{-34}=1697217 d=4646.8 年	−2685.8 年−1961 年	$57473T_1$+5.3 d	4254.914	2176.098	4488.900

续表

会合周期 T_i / 公倍数 N_j	1(回归)年 $T_0=$ 365.2422 d	月亮 $T_1=$ 29.530592 d	木星 $T_2=$ 398.884 d	火星 $T_3=$ 779.936 d	土星 $T_4=$ 378.092 d
$N_{-33}=1662120$ d=4550.7 年	−2589.7 年−1961 年	$56285T_1-9.4$ d	4166.926	2131.098	4396.073
$N_{-32}=1654182$ d=4529 年	−2568 年−1961 年	$56016T_1-3.6$ d	4147.025	2120.920	4375.078
$N_{-31}=1639417$ d=4488.6 年	−2527.6 年−1961 年	$55516T_1-3.3$ d	4110.009	2101.989	4336.027
$N_{-30}=1638623$ d=4486.4 年	−2525.4 年−1961 年	$55489T_1$	4108.019	2100.971	4333.927
$N_{-29}=1625420$ d=4450.2 年	−2489.2 年−1961 年	$55042T_1-2.9$ d	4074.919	2084.043	4299.007
$N_{-28}=1610654$ d=4409.8 年	−2448.8 年−1961 年	$54542T_1-3.5$ d	4037.901	2065.110	4259.953
$N_{-27}=1603486$ d=4390.2 年	−2429.2 年−1961 年	$54299T_1+4.4$ d	3019.931	2055.920	4240.994
$N_{-26}=1602720$ d=4388.1 年	−2427.1 年−1961 年	$54274T_1-23.4$ d	4018.010	2054.938	4238.968
$N_{-25}=1589543$ d=4352 年	−2391 年−1961 年	$53827T_1-0.2$ d	3984.976	2038.043	4204.117
$N_{-24}=1588755$ d=4349.9 年	−2388.9 年−1961 年	$53800T_1+10.9$ d	3983.000	2037.032	4202.033
$N_{-23}=1574768$ d=4311.6 年	−2350.6 年−1961 年	$53327T_1-9.9$ d	3947.935	2019.099	4165.039
$N_{-22}=1552852$ d=4251.6 年	−2290.6 年−1961 年	$52585T_1-14.2$ d	3892.991	1990.999	4107.074

续表

会合周期 T_i / 公倍数 N_j	1(回归)年 $T_0=$ 365.2422 d	月亮 $T_1=$ 29.530592 d	木星 $T_2=$ 398.884 d	火星 $T_3=$ 779.936 d	土星 $T_4=$ 378.092 d
$N_{-21}=1552069$ d=4249.4 年	−2288.4 年−1961 年	$52558T_1+0.2$ d	3891.028	1989.995	4105.004
$N_{-20}=1538868$ d=4213.3 年	−2252.3 年−1961 年	$52111T_1-0.7$ d	3857.934	1973.070	4070.089
$N_{-19}=1538074$ d=4211.1 年	−2250.1 年−1961 年	$52084T_1+2.6$ d	3855.943	1972.052	4067.989
$N_{-18}=1537285$ d=4208.9 年	−2247.9 年−1961 年	$52111T_1-0.7$ d	3853.965	1971.040	4065.902
$N_{-17}=1530932$ d=4191.6 年	−2230.6 年−1961 年	$51843T_1-22.5$ d	3838.038	<u>1962.894</u>	4049.099
$N_{-16}=1523298$ d=4170.7 年	−2209.6 年−1961 年	$51584T_1-8.1$ d	3818.900	<u>1953.106</u>	4028.908
$N_{-15}=1516149$ d=4151.1 年	−2190.1 年−1961 年	$51342T_1-10.7$ d	3800.977	1943.940	4010.000
$N_{-14}=1515390$ d=4149 年	−2188 年−1961 年	$51316T_1-1.9$ d	3799.074	1942.967	4007.993
$N_{-13}=1514602$ d=4146.8 年	−2185.8 年−1961 年	$51290T_1-22$ d	3797.099	1941.957	4005.909
$N_{-12}=1502176$ d=4112.8 年	−2151.8 年−1961 年	$50869T_1-15.7$ d	3765.947	1926.025	3973.044
$N_{-11}=1501396$ d=4110.7 年	−2149.7 年−1961 年	$50842T_1+1.6$ d	3763.992	1925.025	3970.981
$N_{-10}=1487412$ d=4072.4 年	−2111.4 年−1961 年	$50369T_1-14.4$ d	3728.934	1907.095	3933.995

续表

会合周期 T_i / 公倍数 N_j	1(回归)年 $T_0=$ 365.2422 d	月亮 $T_1=$ 29.530592 d	木星 $T_2=$ 398.884 d	火星 $T_3=$ 779.936 d	土星 $T_4=$ 378.092 d
$N_{-9}=1486625$ d=4070.2 年	−2109.2 年−1961 年	$50342T_1-4$ d	3726.961	1906.086	3931.913
$N_{-8}=1480258$ d=4052.8 年	−2091.8 年−1961 年	$50127T_1-22$ d	3710.999	1897.922	3915.075
$N_{-7}=1479500$ d=4050.7 年	−2089.7 年−1961 年	$50101T_1-12.2$ d	3709.098	1896.951	3913.069
$N_{-6}=1466278$ d=4014.5 年	−2053.5 年−1961 年	$49653T_1-4.5$ d	3675.951	1880.000	3878.098
$N_{-5}=1465500$ d=4012.4 年	−2051.4 年−1961 年	$49627T_1-14.7$ d	3674.000	1879.000	3876.041
$N_{-4}=1464717$ d=4010.2 年	−2049.2 年−1961 年	$49600T_1-0.4$ d	3672.037	1877.996	3873.970
$N_{-3}=1451520$ d=3974.1 年	−2013 年−1961 年−47 d	$49153T_1+2.8$ d	3638.953	1861.076	3839.066
$N_{-2}=1443590$ d=3952.4 年	−1991.4 年−1961 年	$48885T_1-13$ d	3619.072	1850.908	3818.092
$N_{-1}=1442816$ d=3950.3 年	−1989.3 年−1961 年	$48859T_1-19.2$ d	3617.132	1849.916	3816.045
$N_0=1429603$ d=3914.1 年	−1953 年−1961 年−45 d	$48411T_1-2.5$ d	3584.007	1832.975	3781.098
$N_1=1428820$ d=3912 年	−1951 年−1961 年−7 d	$48385T_1-17.7$ d	3582.044	1831.971	3779.027
$N_2=1414830$ d=3873.7 年	−1912.7 年−1961 年	$47911T_1-10.2$ d	3546.971	1814.033	3742.026

续表

会合周期 T_i / 公倍数 N_j	1(回归)年 T_0＝365.2422 d	月亮 T_1＝29.530592 d	木星 T_2＝398.884 d	火星 T_3＝779.936 d	土星 T_4＝378.092 d
N_3＝1414040 d＝3871.5 年	－1910.5 年－1961 年	$47884T_1$－2.9 d	3544.991	1813.021	3739.936
N_4＝1400043 d＝3833.2 年	－1872.2 年－1961 年	$47410T_1$－2.4 d	3509.900	1795.074	3702.916
N_5＝1392917 d＝3813.7 年	－1852.7 年－1961 年	$47169T_1$－11.5 d	3492.035	1785.938	3684.069
N_6＝1391342 d＝3809.4 年	－1848.4 年－1961 年	$47116T_1$－21.4 d	3488.087	1783.918	3679.903
N_7＝1378926 d＝3775.4 年	－1814.4 年－1961 年	$46695T_1$－5 d	3456.960	1767.999	3647.065
N_8＝1378146 d＝3773.2 年	－1812.2 年－1961 年	$46669T_1$－17.2 d	3455.004	1766.999	3645.002
N_9＝1363376 d＝3732.8 年	－1771.8 年－1961 年	$46169T_1$－21.9 d	3417.976	1748.062	3605.937
N_{10}＝1357010 d＝3715.4 年	－1754.4 年－1961 年	$45953T_1$－9.3 d	3402.017	1739.899	3589.100
N_{11}＝1341460 d＝3672.8 年	－1711.8 年－1961 年	$45426T_1$＋3.3 d	3363.033	1719.962	3547.972
N_{12}＝1340680 d＝3670.7 年	－1709.7 年－1961 年	$45400T_1$－8.9 d	3361.077	1718.962	3545.909
N_{13}＝1328255 d＝3636.6 年	－1675.6 年－1961 年	$44979T_1$－1.5 d	3329.928	1703.031	3513.047
N_{14}＝1327475 d＝3634.5 年	－1673.5 年－1961 年	$44953T_1$－13.7 d	3327.973	1702.031	3510.984

续表

会合周期 T_i / 公倍数 N_j	1(回归)年 T_0＝365.2422 d	月亮 T_1＝29.530592 d	木星 T_2＝398.884 d	火星 T_3＝779.936 d	土星 T_4＝378.092 d
N_{15}＝1313489 d＝3596.2 年	－1635.2 年－1961 年	44479T_1－2.2 d	3292.910	1684.098	3473.993
N_{16}＝1306345 d＝3576.6 年	－1615.6 年－1961 年	44237T_1＋0.2 d	3275.000	1674.939	3455.098
3N＝1305555 d＝3574.5 年	－1613.5 年－1961 年	44210T_1＋7.5 d	3273.019	1673.926	3453.009
N_{17}＝1292355 d＝3538.4 年	－1577.4 年－1961 年	43764T_1－21.8 d	3239.927	1657.001	3418.092
N_{18}＝1291575 d＝3536.2 年	－1575.2 年－1961 年	43737T_1－4.5 d	3237.971	1656.001	3416.034
N_{19}＝1290789 d＝3534.1 年	－1573.1 年－1961 年	43710T_1＋6.8 d	3236.001	1654.993	3413.955
N_{20}＝1288420 d＝3527.6 年	－1567.6 年－1961 年	43630T_1＋0.3 d	3230.062	1651.956	3407.689
N_{21}＝1277610 d＝3498 年	－1537 年－1961 年－7 d	43264T_1－1.5 d	3202.961	1638.096	3479.098
N_{22}＝1276790 d＝3495.7 年	－1534.7 年－1961 年	43237T_1－24 d	3200.906	1637.045	3376.929
N_{23}＝1269668 d＝3476.2 年	－1515.2 年－1961 年	42995T_1＋0.2 d	3183.051	1627.913	3358.093
N_{24}＝1268880 d＝3474.1 年	－1513.1 年－1961 年	42969T_1－20 d	3181.075	1626.903	3356.009
N_{25}＝1255670 d＝3437.9 年	－1476.9 年－1961 年	42521T_1－0.3 d	3147.958	1609.965	3321.070

续表

会合周期 T_i / 公倍数 N_j	1(回归)年 T_0= 365.2422 d	月亮 T_1= 29.530592 d	木星 T_2= 398.884 d	火星 T_3= 779.936 d	土星 T_4= 378.092 d
N_{26}=1254890 d=3435.8 年	−1474.8 年−1961 年	42495T_1−12.5 d	3146.002	1608.965	3319.007
N_{27}=1254110 d=3433.6 年	−1472.6 年−1961 年	42469T_1−25 d	3144.047	1607.965	3316.944
N_{28}=1240130 d=3395.4 年	−1434.4 年−1961 年	41995T_1−7.2 d	3108.999	1590.041	3279.969
N_{29}=1239350 d=3393.2 年	−1432.2 年−1961 年	41969T_1−19.4 d	3107.044	1589.041	3277.906
N_{30}=1226130 d=3357 年	−1396 年−1961 年	41521T_1−9.7 d	3073.901	1572.091	3242.941
N_{31}=1219000 d=3337.5 年	−1376.5 年−1961 年	41280T_1−22.8 d	3056.026	1562.949	3224.083
N_{32}=1218213 d=3335.4 年	−1374.4 年−1961 年	41253T_1−12.5 d	3054.053	1561.940	3222.002
N_{33}=1217425 d=3333.2 年	−1372.2 年−1961 年	41226T_1−3.2 d	3052.078	1560.929	3219.917
N_{34}=1204990 d=3299.2 年	−1338.2 年−1961 年	40805T_1−5.8 d	3020.903	1544.986	3187.029
N_{35}=1204233 d=3297.1 年	−1336.1 年−1961 年	40779T_1+5 d	3019.006	1544.015	3185.026
N_{36}=1183087 d=3239.1 年	−1278.1 年−1961 年	40063T_1+2.9 d	2965.993	1516.903	3129.098
N_{37}=1182314 d=3237 年	−1276 年−1961 年	40037T_1−2.3 d	2964.055	1515.912	3127.054

续表

会合周期 T_i / 公倍数 N_j	1(回归)年 T_0 = 365.2422 d	月亮 T_1 = 29.530592 d	木星 T_2 = 398.884 d	火星 T_3 = 779.936 d	土星 T_4 = 378.092 d
N_{38} = 1167545 d = 3196.6 年	−1235.6 年 − 1961 年	$39537T_1$ − 6 d	2927.029	1496.975	3087.992
N_{39} = 1166754 d = 3194.5 年	−1233.5 年 − 1961 年	$37848T_1$ + 0.3 d	2925.046	1495.961	3085.900
N_{40} = 1154350 d = 3160.5 年	−1199.5 年 − 1961 年	$39090T_1$ − 0.8 d	2893.949	1480.057	3053.093
N_{41} = 1153533 d = 3158.3 年	−1197.3 年 − 1961 年	$39063T_1$ − 20.5 d	2891.901	1479.010	3050.932
N_{42} = 1133179 d = 3102.5 年	−1141.5 年 − 1961 年	$38373T_1$ + 1.6 d	2840.873	1452.913	2997.099
N_{43} = 1132392 d = 3100.4 年	−1139.4 年 − 1961 年	$38346T_1$ + 12 d	2838.901	1451.904	2995.017
N_{44} = 1131610 d = 3098 年三甲	−1137 年 − 1961 年 − 90 d	$38320T_1$ − 2.3 d	2836.940	1450.901	2992.949
N_{45} = 1130836 d = 3096.1 年	−1135.1 年 − 1961 年	$38294T_1$ − 8.5 d	2835.000	1449.909	2990.902
N_{46} = 1117644 d = 3060 年	$-1099T_p-1961T_p$	$37847T_1$ − 0.3 d	2801.927	1432.995	2956.011
N_{47} = 1116875 d = 3057.9 年	−1096.9 年 − 1961 年	$37821T_1$ − 1.5 d	2799.999	1432.009	2953.977
N_{48} = 1116095 d = 3055.8 年	−1094.8 年 − 1961 年	$37795T_1$ − 13.7 d	2798.044	1431.008	2951.914
N_{49} = 1103680 d = 3021.8 年	−1060.8 年 − 1961 年	$37375T_1$ − 25.9 d	2766.920	1415.090	2919.078

续表

公倍数 N_j \ 会合周期 T_i	1(回归)年 T_0＝365.2422 d	月亮 T_1＝29.530592 d	木星 T_2＝398.884 d	火星 T_3＝779.936 d	土星 T_4＝378.092 d
N_{50}＝1102899 d＝3019.6 年	－1058.6 年－1961 年	37348T_1－9.5 d	2764.962	1414.089	2917.012
N_{51}＝1095732 d＝3000 年	－1039 年－1961 年	37105T_1－0.6 d	2746.994	1404.900	2898.057
N_{52}＝1088116 d＝2979.2 年	－1018.2 年－1961 年	36847T_1＋2.3 d	2727.901	1395.135	2877.913
N_{53}＝1081740 d＝2961.7 年	－1000.7 年－1961 年	36632T_1－24.6 d	2711.916	1386.960	2861.050
N_{54}＝1080200 d＝2957.5 年	－996.5 年－1961 年	36579T_1＋0.5 d	2708.055	1384.985	2856.977
N_{55}＝1066990 d＝2921.3 年	－960.3 年－1961 年	36132T_1－9.4 d	2674.938	1368.048	2822.038
N_{56}＝1066205 d＝2919.2 年	－958.2 年－1961 年	36105T_1＋3 d	2672.970	1367.042	2819.962
N_{57}＝1065426 d＝2917 年	－956 年－1961 年－15 d	36079T_1－8.2 d	2671.017	1366.043	2817.901
N_{58}＝1044280 d＝2859.1 年	－898.1 年－1961 年	35363T_1－10.3 d	2618.004	1338.930	2761.973
N_{59}＝1043497 d＝2857 年	－896 年－1961 年	35336T_1＋4 d	2616.041	1337.926	2759.902
N_{60}＝1031079 d＝2823 年	－862 年－1961 年	34916T_1－11.2 d	2584.909	1322.005	2727.058
N_{61}＝1030310 d＝2820.9 年	－859.9 年－1961 年	34890T_1－12.4 d	2582.982	1321.019	2725.025

续表

会合周期 T_i / 公倍数 N_j	1(回归)年 $T_0=$ 365.2422 d	月亮 $T_1=$ 29.530592 d	木星 $T_2=$ 398.884 d	火星 $T_3=$ 779.936 d	土星 $T_4=$ 378.092 d
$N_{62}=1015554$ d=2780.5 年	−819.5 年−1961 年	$34390T_1-3$ d	2545.988	1302.099	2685.997
$N_{63}=1014774$ d=2778.3 年	−817.5 年−1961 年	$34364T_1-19.3$ d	2544.033	1301.099	2683.934
$N_{64}=993638$ d=2720.5 年	−759.5 年−1961 年	$33648T_1-7.4$ d	2491.045	1273.999	2628.032
$N_{65}=992860$ d=2718.4 年	−757.4 年−1961 年	$33622T_1-17.6$ d	2489.095	1273.002	2625.975
$N_{66}=980420$ d=2684.3 年	−723.3 年−1961 年	$33200T_1+4.3$ d	2457.908	1257.052	2593.073
$N_{67}=979636$ d=2682.2 年	−721.2 年−1961 年	$33174T_1-11.9$ d	2455.942	1256.047	2590.999
$N_{68}=978897$ d=2680.1 年	−719.1 年−1961 年	$33149T_1-12.6$ d	2454.089	1255.099	2589.044
$N_{69}=978090$ d=2677.9 年	−716.9 年−1961 年	$33122T_1-22.3$ d	2452.066	1254.064	2586.910
$N_{70}=957722$ d=2622.2 年	−661.2 年−1961 年	$32432T_1-14.2$ d	2401.004	1227.949	2533.040
$N_{71}=942960$ d=2581.7 年	−620.7 年−1961 年	$31932T_1-10.9$ d	2363.996	1209.022	2493.996
$N_{72}=942180$ d=2579.6 年	−618.6 年−1961 年	$31906T_1-23$ d	2364.040	1208.022	2491.933
$N_{73}=929760$ d=2545.6 年	−584.6 年−1961 年	$31485T_1-10.7$ d	2330.903	1092.098	2459.084

续表

会合周期 T_i / 公倍数 N_j	1(回归)年 T_0= 365.2422 d	月亮 T_1= 29.530592 d	木星 T_2= 398.884 d	火星 T_3= 779.936 d	土星 T_4= 378.092 d
N_{74}=928961 d=2543.4 年	−582.4 年−1961 年	31458T_1−12.4 d	2328.900	1191.073	2456.971
N_{75}=920259 d=2519.6 年	−558.6 年−1961 年	31163T_1−2.8 d	2307.084	1179.916	2433.955
N_{76}=905500 d=2479.2 年	−518.2 年−1961 年	30663T_1+3.5 d	2270.084	1160.993	2394.920
N_{77}=893065 d=2445.1 年	−484.1 年−1961 年	30242T_1+0.8 d	2238.909	1145.049	2362.031
N_{78}=892287 d=2443 年	−482 年−1961 年	30216T_1−9.4 d	2236.959	1144.052	2359.973
N_{79}=871156 d=2385.1 年	−424.1 年−1961 年	29500T_1+4.5 d	2183.983	1116.958	2304.085
2N=870370 d=2383 年	−422 年−1961 年	29474T_1−14.7 d	2182.013	1115.951	2302.006
N_{80}=869580 d=2380.8 年	−419.8 年−1961 年	29447T_1−7.3 d	2180.032	1114.938	2299.916
N_{81}=857162 d=2346.8 年	−385.8 年−1961 年	29027T_1−22.5 d	2148.900	1099.016	2267.073
N_{82}=856380 d=2344.7 年	−383.7 年−1961 年	29000T_1−7.2 d	2146.940	1098.013	2265.004
N_{83}=835242 d=2286.8 年	−325.8 年−1961 年	28284T_1−1.3 d	2093.947	1070.911	2209.097
N_{84}=834466 d=2284.7 年	−323.7 年−1961 年	28258T_1−9.5 d	2092.002	1069.916	2207.045

续表

会合周期 T_i / 公倍数 N_j	1(回归)年 T_0 = 365.2422 d	月亮 T_1 = 29.530592 d	木星 T_2 = 398.884 d	火星 T_3 = 779.936 d	土星 T_4 = 378.092 d
N_{85} = 833686 d = 2282.6 年	−321.6 年 − 1961 年	$28232T_1$ − 21.7 d	2090.046	1068.916	2204.982
N_{86} = 819710 d = 2244.3 年	−283.3 年 − 1961 年	$27758T_1$ − 0.17 d	2055.008	1050.996	2168.017
N_{87} = 818930 d = 2242.2 年	−281.2 年 − 1961 年	$27732T_1$ − 12.4 d	2053.053	1049.996	2165.954
N_{88} = 806510 d = 2208.1 年	−247.15 年 − 1961 年	$27311T_1$	2021.916	1034.072	2133.105
N_{89} = 805751 d = 2206 年	−245 年 − 1961 年 − 27 d	$27285T_1$ + 8.8 d	2020.013	1033.099	2131.098
N_{90} = 804938 d = 2203.8 年	−242.8 年 − 1961 年	$27258T_1$ − 6.9 d	2017.975	1032.056	2128.947
N_{91} = 804164 d = 2201.7 年	−240.7 年 − 1961 年	$27232T_1$ − 13 d	2016.035	1031.064	2126.900
N_{92} = 790947 d = 2165.5 年	−204.5 年 − 1961 年	$26784T_1$ − 0.4 d	1982.900	<u>1014.118</u>	2091.943
N_{93} = 784576 d = 2148.1 年	−187.1 年 − 1961 年	$26569T_1$ − 22.3 d	1966.928	1005.949	2075.093
N_{94} = 783820 d = 2146 年	−185 年 − 1961 年 − 10 d	$26543T_1$ − 10.5 d	1965.032	1004.980	2073.093
N_{95} = 783028 d = 2143.9 年	−183 年 − 1961 年 − 51 d	$26516T_1$ − 5.2 d	1963.047	1003.964	2070.999
N_{96} = 769810 d = 2107.7 年	−146.7 年 − 1961 年	$26069T_1$ − 23 d	1929.094	987.017	2036.039

续表

会合周期 T_i / 公倍数 N_j	1(回归)年 T_0＝365.2422 d	月亮 T_1＝29.530592 d	木星 T_2＝398.884 d	火星 T_3＝779.936 d	土星 T_4＝378.092 d
N_{97}＝769030 d＝2105.5 年	－144.5 年－1961 年	$26042T_1$－5.7 d	1927.954	986.017	2033.976
N_{98}＝768250 d＝2103.4 年	－142.4 年－1961 年	$26016T_1$－17.9 d	1925.999	985.017	2031.913
N_{99}＝755055 d＝2067.3 年	－106.3 年－1961 年	$25569T_1$－12.7 d	1892.919	968.099	1997.014
N_{100}＝754256 d＝2065.1 年	－104 年－1961 年－31 d	$25542T_1$－14.4 d	1890.916	967.074	1994.907
N_{101}＝747895 d＝2047.7 年	－86.7 年－1961 年	$25326T_1$＋3.2 d	1874.969	958.918	1978.077
N_{102}＝733910 d＝2009.4 年	－48.4 年－1961 年	$24853T_1$－13.8 d	1839.908	940.987	1941.088
N_{103}＝733130 d＝2007.2 年	－46.2 年－1961 年	$24826T_1$＋3.5 d	1837.953	939.987	1939.025
N_{104}＝717590 d＝1964.7 年	－3.7 年－1961 年	$24300T_1$－3.4 d	1798.994	920.063	1897.924
N_{105}＝711224 d＝1947.3 年	1962 年－14.7 年	$24084T_1$＋9.2 d	1783.035	911.900	1881.087
N_{106}＝697239 d＝1909 年	1962 年－53 年－8 d	$23611T_1$－7.8 d	1747.974	893.970	1844.099
N_{107}＝696460 d＝1906.8 年	1962 年－55 年－57 d	$23585T_1$－19 d	1746.021	892.971	1842.038
N_{108}＝695666 d＝1904.7 年	1962 年－57.3 年	$23558T_1$－15.7 d	1744.031	891.953	1839.938

续表

会合周期 T_i / 公倍数 N_j	1(回归)年 T_0 = 365.2422 d	月亮 T_1 = 29.530592 d	木星 T_2 = 398.884 d	火星 T_3 = 779.936 d	土星 T_4 = 378.092 d
N_{109} = 682488 d = 1868.6 年	1962 年 − 93.4 年	$23111T_1$ + 6.5 d	1710.994	875.056	1805.084
N_{110} = 681700 d = 1866.4 年	1962 年 − 95.6 年	$23085T_1$ − 14 d	1709.018	874.046	1803.000
N_{111} = 666918 d = 1826 年	1962 年 − 136 年 − 14 d	$22584T_1$ − 0.9 d	1671.960	855.098	1763.904
N_{112} = 645793 d = 1768.1 年	1962 年 − 193.88 年	$21869T_1$ − 11.5 d	1619.000	828.008	1708.031
N_{113} = 645015 d = 1766 年	1962 年 − 196 年 − 3 d	$21842T_1$ + 7.8 d	1617.049	827.010	1705.974
N_{114} = 644235 d = 1763.8 年	1962 年 − 198.15 年	$21816T_1$ − 4.4 d	1615.094	826.010	1703.911
N_{115} = 631825 d = 1729.9 年	1962 年 − 232.1 年	$21396T_1$ − 11.5 d	1583.982	810.099	1671.088
N_{116} = 631036 d = 1727.7 年	1962 年 − 234.3 年	$21369T_1$ − 3.2 d	1582.004	809.087	1669.001
N_{117} = 623880 d = 1708.1 年	1962 年 − 254 年 + 46 d	$21127T_1$ − 12.8 d	1564.064	799.912	1650.075
N_{118} = 623095 d = 1706 年	1962 年 − 256 年 − 8 d	$21100T_1$ − 0.5 d	1562.096	798.905	1647.998
N_{119} = 609896 d = 1669.8 年	1962 年 − 292.2 年	$20653T_1$ + 0.7 d	1529.006	781.982	1613.089
N_{120} = 609120 d = 1667.7 年	1962 年 − 294.3 年	$20627T_1$ − 7.5 d	1527.060	780.987	1611.036

续表

会合周期 T_i / 公倍数 N_j	1(回归)年 T_0=365.2422 d	月亮 T_1=29.530592 d	木星 T_2=398.884 d	火星 T_3=779.936 d	土星 T_4=378.092 d
N_{121}=595124 d=1629.4 年	1962 年−332.6 年	$20153T_1-6$ d	1491.973	763.042	1574.019
N_{122}=594344 d=1627.3 年	1962 年−334.7 年	$20127T_1-18.2$ d	1490.017	762.042	1571.956
N_{123}=581130 d=1591.1 年	1962 年−371 年+30 d	$19679T_1-2.5$ d	1456.890	745.099	1537.007
N_{124}=573210 d=1569.4 年	1962 年−392.6 年	$19411T_1-8.3$ d	1437.034	734.945	1516.060
N_{125}=572438 d=1567.3 年	1962 年−394.7 年	$19385T_1-12.5$ d	1435.099	733.955	1514.018
N_{126}=558435 d=1529 年	1962 年−433 年−20 d	$18910T_1+11.5$ d	1399.993	716.001	1476.982
N_{127}=537300 d=1471.1 年	1962 年−490.9 年	$18195T_1-9.1$ d	1347.008	688.903	1421.083
N_{128}=531280 d=1454.6 年	1962 年−507.4 年	$17991T_1-4.9$ d	1331.916	681.184	1405.161
N_{129}=523315 d=1432.8 年	1962 年−529.2 年	$17721T_1+3.4$ d	1311.948	670.972	1384.094
N_{130}=522535 d=1430.7 年	1962 年−531.3 年	$17695T_1-8.8$ d	1309.992	669.972	1382.031
N_{131}=521755 d=1428.5 年	1962 年−533.5 年	$17668T_1+8.5$ d	1308.037	668.972	1379.968
N_{132}=520975 d=1426.4 年	1962 年−535.6 年	$17642T_1-3.7$ d	1306.081	667.971	1377.905

续表

会合周期 T_i / 公倍数 N_j	1(回归)年 $T_0=$ 365.2422 d	月亮 $T_1=$ 29.530592 d	木星 $T_2=$ 398.884 d	火星 $T_3=$ 779.936 d	土星 $T_4=$ 378.092 d
$N_{133}=508550$ d$=1392.4$ 年	1962 年-569.6 年	$17221T_1+3.7$ d	1274.932	652.041	1345.043
$N_{134}=507775$ d$=1390.2$ 年	1962 年-571.8 年	$17195T_1-3.5$ d	1272.989	651.047	1342.993
$N_{135}=492997$ d$=1349.8$ 年	1962 年-612.2 年	$16695T_1-16.2$ d	1235.941	632.099	1303.908
$N_{136}=485860$ d$=1330.2$ 年	1962 年-631.8 年	$16453T_1-6.8$ d	1218.048	622.949	1285.031
$N_{137}=471103$ d$=1289.8$ 年	1962 年-672.2 年	$15953T_1+1.5$ d	1181.053	604.028	1246.001
$N_{138}=457900$ d$=1253.7$ 年	1962 年-708.3 年	$15506T_1-1.4$ d	1147.953	587.099	1211.081
$N_{139}=457120$ d$=1251.6$ 年	1962 年-710.4 年	$15480T_1-13.6$ d	1145.997	586.099	1209.018
$N_{140}=456340$ d$=1249.4$ 年	1962 年-712.6 年	$15453T_1+3.8$ d	1144.042	585.099	1206.955
$N_{141}=449175$ d$=1229.9$ 年	1962 年-732 年-73 d	$15211T_1-14.8$ d	1126.079	575.913	1188.005
$N_{142}=448385$ d$=1227.6$ 年	1962 年-734.36 年	$15184T_1-7.5$ d	1124.099	574.900	1185.915
$N_{143}=435965$ d$=1193.6$ 年	1962 年-768.4 年	$14763T_1+4.9$ d	1092.962	558.975	1153.066
$1N=435185$ d$=1191.5$ 年	1962 年-770.5 年-1 d	$14737T_1-7.3$ d	1091.006	557.975	1151.003

续表

会合周期 T_i / 公倍数 N_j	1(回归)年 $T_0=$ 365.2422 d	月亮 $T_1=$ 29.530592 d	木星 $T_2=$ 398.884 d	火星 $T_3=$ 779.936 d	土星 $T_4=$ 378.092 d
$N_{144}=434405$ d$=1189.4$ 年	1962 年−772 年−233 d	$14710T_1+10$ d	1089.051	556.975	1148.940
$N_{145}=421980$ d$=1155.3$ 年	1962 年−806.7 年	$14290T_1-12.2$ d	1057.902	541.044	1116.078
$N_{146}=421205$ d$=1153.2$ 年	1962 年−808.8 年	$14263T_1+10.2$ d	1055.959	540.051	1114.028
$N_{147}=420424$ d$=1151.1$ 年	1962 年−811 年+30 d	$14237T_1-3$ d	1054.001	539.049	1111.962
$N_{148}=406424$ d$=1112.8$ 年	1962 年−849 年−91 d	$13763T_1-5.5$ d	1018.903	521.099	1074.934
$N_{149}=400058$ d$=1095.3$ 年	1962 年−866.7 年	$13547T_1+7.1$ d	1002.943	512.937	1058.097
$N_{150}=399280$ d$=1093.2$ 年	1962 年−869 年+70 d	$13521T_1-3.1$ d	1000.993	511.939	1056.039
$N_{151}=398510$ d$=1091.1$ 年	1962 年−871 年+31 d	$13495T_1-5.3$ d	999.062	510.952	1054.003
$N_{152}=397720$ d$=1088.9$ 年	1962 年−873 年−29 d	$13468T_1+2$ d	997.082	509.939	1051.913
$N_{153}=384520$ d$=1052.8$ 年	1962 年−909 年−80 d	$13021T_1+2.2$ d	963.990	493.015	1017.001
$N_{154}=371322$ d$=1016.6$ 年	1962 年−945.4 年	$12574T_1+4.3$ d	930.902	476.093	982.094
$N_{155}=370530$ d$=1014.5$ 年	1962 年−947.5 年	$12547T_1+9.7$ d	928.917	475.077	980.000

续表

会合周期 T_i / 公倍数 N_j	1(回归)年 $T_0=$ 365.2422 d	月亮 $T_1=$ 29.530592 d	木星 $T_2=$ 398.884 d	火星 $T_3=$ 779.936 d	土星 $T_4=$ 378.092 d
$N_{156}=369767$ d=1012.4 年	1962 年−949.6 年	$12521T_1+14.5$ d	927.004	474.099	977.982
$N_{157}=363375$ d=994.9 年	1962 年−967 年−41 d	$12305T_1+1$ d	910.979	465.904	961.076
$N_{158}=349384$ d=956.6 年	1962 年−1005.4 年	$11831T_1+7.6$ d	875.904	447.965	924.071
$N_{159}=348624$ d=954.5 年	1962 年−1007.5 年	$11805T_1+15.4$ d	873.998	446.991	922.061
$N_{160}=347846$ d=952.37 年	1962 年−1009.6 年	$11779T_1+5.2$ d	872.048	445.993	920.004
$N_{161}=334635$ d=916.2 年	1962 年−1045.8 年	$11332T_1-5.7$ d	838.928	429.054	885.062
$N_{162}=312690$ d=856.1 年	1962 年−1105.9 年	$10589T_1-9.4$ d	783.912	400.918	827.021
$N_{163}=311930$ d=854 年	1962 年−1108 年+13 d	$10563T_1-1.6$ d	782.007	399.943	825.011
$N_{164}=297952$ d=815.7 年	1962 年−1146.3 年	$10089T_1+17.9$ d	746.964	382.021	788.041
$N_{165}=297172$ d=813.6 年	1962 年−1148.4 年	$10063T_1+5.7$ d	745.009	381.021	785.978
$N_{166}=283169$ d=775.3 年	1962 年−1186.7 年	$9589T_1+0.2$ d	709.903	363.067	748.942
$N_{167}=275268$ d=753.7 年	1962 年−1208.3 年	$9321T_1+13.4$ d	690.095	352.937	728.045

续表

会合周期 T_i / 公倍数 N_j	1(回归)年 T_0=365.2422 d	月亮 T_1=29.530592 d	木星 T_2=398.884 d	火星 T_3=779.936 d	土星 T_4=378.092 d
N_{168}=261269 d=715.3 年	1962 年−1246.7 年	8847T_1+12 d	655.000	334.988	691.020
N_{169}=246500 d=674.9 年	1962 年−1287.1 年	8347T_1+8.1 d	617.974	316.052	651.958
N_{170}=239363 d=655.4 年	1962 年−1306.6 年	8105T_1+17.6 d	600.082	306.901	633.081
N_{171}=224610 d=615 年	1962 年−1347 年−14 d	7606T_1+0.3 d	563.096	287.985	594.062
N_{172}=210600 d=576.6 年	1962 年−1385.4 年	7132T_1−12.2 d	527.973	270.022	557.007
N_{173}=188684 d=516.6 年	1962 年−1445.4 年	6389T_1+13 d	473.030	241.922	499.043
N_{174}=173923 d=476.3 年	1962 年−1485.8 年	5890T_1−12.2 d	436.024	222.997	460.002
N_{175}=173140 d=474 年	1962 年−1488 年+15 d	5863T_1+2.1 d	434.061	221.993	457.931
N_{176}=160713 d=440 年	1962 年−1522 年+6 d	5442T_1+7.5 d	402.907	206.059	425.063
N_{177}=159963 d=437.9 年	1962 年−1524.1 年	5417T_1−4.2 d	401.026	205.098	423.080
N_{178}=152010 d=416.2 年	1962 年−1545.8 年	5148T_1−13.5 d	381.088	194.901	402.045
N_{179}=138025 d=377.9 年	1962 年−1584 年−37 d	4674T_1+1 d	346.028	176.970	365.057
N_{180}=124020 d=339.5 年	1962 年−1622.5 年	4200T_1−8.5 d	310.917	159.013	328.015

续表

会合周期 T_i / 公倍数 N_j	1(回归)年 T_0= 365.2422 d	月亮 T_1= 29.530592 d	木星 T_2= 398.884 d	火星 T_3= 779.936 d	土星 T_4= 378.092 d
N_{181}=123250 d=337.5 年	1962 年−1624.5 年	$4174T_1-10.7$ d	308.987	158.026	325.979
N_{182}=109255 d=299.1 年	1962 年−1662.9 年	$3700T_1-8.2$ d	273.902	140.082	288.964
N_{183}=101320 d=277.4 年	1962 年−1684.6 年	$3431T_1+0.5$ d	254.009	129.908	267.977
N_{184}=87356 d=239.2 年	1962 年−1722.8 年	$2958T_1+4.5$ d	219.001	112.004	231.044
N_{185}=86580 d=237 年	1962 年−1724.95 年	$2932T_1-3.7$ d	217.056	111.009	228.992
N_{186}=73355 d=200.8 年	1962 年−1761.2 年	$2484T_1+1$ d	183.901	94.053	194.014
N_{187}=72590 d=198.7 年	1962 年−1763.3 年	$2458T_1+3.8$ d	181.983	93.072	191.990
N_{188}=71810 d=196.6 年	1962 年−1765.4 年	$2432T_1-8.4$ d	180.027	92.072	189.927
N_{189}=51440 d=140.8 年	1962 年−1821.2 年	$1742T_1-2.3$ d	128.960	65.954	136.052
N_{190}=50660 d=138.7 年	1962 年−1823.3 年	$1716T_1-14.5$ d	127.004	64.954	133.989
N_{191}=36680 d=100.4 年	1962 年−1861.6 年	$1242T_1+3$ d	91.957	47.029	97.013
N_{192}=35911 d=98.3 年	1962 年−1863.7 年	$1216T_1+1.8$ d	90.029	46.044	94.980
N_{193}=35125 d=96.2 年	1962 年−1865.8 年	$1190T_1-16$ d	88.058	45.036	92.901

续表

会合周期 T_i / 公倍数 N_j	1(回归)年 T_0= 365.2422 d	月亮 T_1= 29.530592 d	木星 T_2= 398.884 d	火星 T_3= 779.936 d	土星 T_4= 378.092 d
N_{194}=21915 d=60 年	1962 年−1902 年+0.5 d	$742T_1$+3.3 d	54.941	28.098	57.962
N_{195}=14770 d=40.4 年	1962 年−1921.6 年	$500T_1$+4.7 d	37.028	18.937	39.065
N_{196}=13980 d=38.3 年	1962 年−1923.7 年	$473T_1$+12 d	35.048	17.925	36.975
N_{197}=13200 d=36.1 年	1962 年−1925.9 年	$447T_1$−0.2 d	33.092	16.924	34.912
N_{198}=7938 d=21.7 年	1962 年−1940.3 年	$269T_1$−5.7 d	19.901	10.178	20.995
N_{199}=793 d=2.17 年	1962 年−1959.9 年	$27T_1$−4.3 d	1.988	1.017	2.097
N_{200}=7382 d=20.2 年	1982 年−1962 年+77 d	$250T_1$−0.6 d	18.507	9.465	19.524
N_{201}=7938 d=21.7 年	1983.7 年−1962 年	$269T_1$−5.7 d	19.901	10.178	20.995
N_{202}=13195 d=36.1 年	1998 年−1962 年+45 d	$447T_1$−5.2 d	33.080	16.918	34.900
N_{203}=13980 d=38.3 年	2000.3 年−1962 年	$473T_1$+12 d	35.048	17.925	36.975
N_{204}=14741 d=40.4 年	2002.4 年−1962 年	$499T_1$+5.2 d	36.956	18.900	38.988
N_{205}=15534 d=42.5 年	2004.5 年−1962 年	$526T_1$+0.9 d	38.944	19.917	41.085
N_{206}=21915 d=60 年	2022 年−1962 年+0.5 d	$742T_1$+3.3 d	54.941	28.098	57.962

说明 附录1表中未列入金星、水星的有关数据$T_5=583.921$ d，$T_6=115.877$ d等.这是因为水星总与日同宫，金星与日的角距小于48°，所以在研究五星聚时，可以认为金星、水星总与太阳聚在一起.

表中合于文献记载的还有如下六十多个(这表明本书推算方法可信度高，便于检查核实)：

N_{-35}推定公元前2697年(查附录4岁甲子)＊4岁在实沈，四星聚于心，是黄帝元年.

N_{-29}推定公元前2490年(岁辛卯，＊10)，公元前2491年底＊9五星聚于房，是黄帝历的历元.合于《律历志》论："黄帝造历，元起辛卯，……虞用戊午，夏用丙寅，殷用甲寅，周用丁巳，鲁用庚子."[18]73

$N_{-25}=1589543$ d推定公元前2392年己巳年底，公元前2391年正月朔日立春＊1七曜聚于营室，这是颛顼历的历元.合于"高阳时，五星会于营室."又合于汉刘向(前77年—前6年)的《洪范传》云："历记始于颛顼上元太始阏蒙摄提格之岁，毕陬之月，朔日己巳立春，七曜俱在营室五度."《淮南子·天文训》的记载："天一元始，正月建寅，日月俱入营室五度，天一以始建七十六岁，日月复以正月入营室五度，无余分，名曰一纪.凡二十纪，一千五百二十岁大终，日月星辰复始甲寅元."这段话表明当时行用的历法，若冬至点在牵牛初度，则营室五度应为立春.《晋书律历志》亦引董巴曰"颛顼以今之孟春正月为元，其时正月朔旦立春，五星会于天庙，营室也."

$N_{20}=1288420$ d=朔望月的43630倍=交点月的47347倍(1交点月$=\dfrac{1042990}{38328}=27.21222083$)，是四

星会合周期的公倍数,推定公元前 1567 年(查附录 4 表为 * 7 岁甲寅)朔日四星聚于鹑尾,正是殷历的历元.[21]77

N_{46} = 1117644 d = 朔望月的 37847 倍 = 3060 年,推定公元前 1099 年正月朔日立春,五星聚于营室,且推定 1 平均回归年 T_p = 365.24 d.

N_{50} 推定公元前 1059 年五星聚于东井 * 5,正合于班大为(David W. Pankenier)等认定的该年 5 月 28 日有五星聚.[19]52

N_{51} = 1095732 d = 朔望月的 37105 倍 = 3000 年,推定公元前 1039 年正月朔日立春,五星聚于营室,且推定 1 平均回归年 T_p = 365.244 d.

N_{67} 推定公元前 722 年底冬至前后五星聚于箕 * 10,正合于《宋书天文志》论:"齐桓公将霸诸侯五星聚于箕."文[19]将此与 N_{70} 公元前 662 年底冬至前后五星聚于 * 11 混为一谈.这表明本书用总数法推算的优越性.

N_{88} = 806510 d = 朔望月的 27311 倍,推定公元前 247 年(秦始皇元年)查附录 4 为 * 11 五星聚于星纪.

N_{92} 推定公元前 205 年(查附录 4 表为 * 5)五星聚于东井,合于《汉书高帝纪》云"元年冬十月,五星聚于东井,沛公至霸上."

N_{157} 表明公元 967 年(丁卯)3 月 10 日(夏历一月二十七丙辰,合于(《宋史》太祖本纪)"乾德五年三月丙辰,五星聚奎."

N_{159} 表明公元 1007 年(丁未)8 月 3 日(夏历六月十八壬子)五星聚于鹑火,合于(宋纪二十六)真宗景德四年丁未六月壬子,司天言"五星当聚鹑火,而近太阳,同时皆伏."

N_{166}表明公元1186年(丙午)9月15日(夏历八月初一乙亥)合于(《宋史》孝宗本纪)"淳熙十三年八月乙亥,七曜俱聚于轸."

N_{177}表明公元1524年(明嘉靖三年甲申,查表2为*2)正月,五星聚于奎.

N_{200}表明公元1982年(壬戌)春分后77天,木火土三星位于"冲"附近,九星几乎位于一直线上,但不在地球的同一侧.中国人民邮政发行的邮票T.78"九星会聚"不合本书的标准.

N_{203}表明公元2000年(庚辰)立春后101天夏历四月十二日(公历5月15日)五星聚于昴宿(金牛座).

N_{204}表明公元2002年(壬午)夏历五月初五,五星聚于鹑首.

与文献[19][52,66]吻合的有-1953,-1813,-1535,-1198,-1059,-1039,-1019,-1001,-961,-898,-722,-661,-422,-205,-185,-47,234,292,332,529,710,768,808,947,967,1007,1108,1146,1186,1524,1584,1624,1662,1725,1761,1821,1861,1921.

与文献[20]吻合的有-2210,-2190,-2050,-2031,-1953,-1873,-1853,-1636,-1616,-1535,-1515.

我们从N_{206}还可以预报:2022年夏历正月初四前后"五星聚于营室",即五大行星聚在双鱼座.

附录 2　位于黄道附近的星宿、星座图

注　此图见插页 1.

附录 3　十二星次及二十八宿与黄道经度对照表

太阳位次号	*11　*12　*1	*2　*3　*4	*5　*6　*7	*8　*9　*10
十二 星次	星纪　玄枵　娵訾	降娄　大梁　实沈	鹑首　鹑火　鹑尾	寿星　大火　析木
二十八宿	北方玄武 七宿： 斗 牛女虚危 室 壁	西方白虎 七宿： 奎 娄 胃昴 毕觜参	南方朱鸟 七宿 井 鬼柳星 张翼轸	东方青龙七宿： 角亢氐 房心 尾箕
黄道星座	摩羯 宝瓶 双鱼	白羊 金牛 双子	巨蟹 狮子 室女	天秤 天蝎 人马
黄道经度	冬至　315°立春	0°春分　45°	90°夏至　135°	180°秋分　225°　270°

说明　附录3表中太阳位次号对应于战国时期的夏历月份,依据《开元占经》卷五《河图》曰:“天元十一月甲子夜半朔,日月俱起牵牛初度.推历考宿,正月在营室,二月在奎,三月在胃,四月在毕,五月在东井,六月在柳,七月在翌,八月在角,九月在房,十月在尾,十一月在斗,十二月在牵牛.”

注意　春分点是变动的,依祖冲之测定的岁实推算春分点沿黄道每东移1度历过59年.春分点现今在双鱼、白羊间.

附录 4　岁星纪年、干支纪年与公历纪年的对照表

★五星聚与《五千年中国历史年表》(压缩版)

十二地支:子	丑	寅	卯	辰	巳	午	未	申	酉	戌	亥
−3177 甲子 *12	*1	*2	3	*4	−3064★	*6	*7	*8	−3120 超辰	*11	*12
−3021 庚子 *1	*2	*3	*4	*5	−3004★	*7	*8	*9	−2964★	*11	*12
−2949 壬子 *1	−2948 超辰	−2923★	*5	*6	*7	*8	*9	*10	*11	*12	*1
−2865 丙子 *2	*3	★−2863 * 天关	−2862 超辰	*7	*8	*9	*10	*11	*12	*1	*2
★−2805 丙子 *3	*4	−2803★ *5	*6	*7	−2776 超辰	*10	*11	*12	*1	*2	*3
−2769 壬子 *4	*5	*6	*7	*8	*9	−2763★	*11	*12	−2724★	*2	*3
−2697 甲子四星聚心	−2696 岁在东井	−2695 *6	−2694 *7	*8	*9	*10	−2690 超辰	*1	*2	*3	−2686★
−2661 庚子 *5	−2660 *6	−2659 *7	−2658 *8	−2657 *9	−2656 *10	−2655 *11	−2654 *12	−2653 *1	−2652 *2	−2651 *3	−2590★
−2589 壬子 *6	−2576 *7	−2575 *8	−2574 *9	−2573 *10	−2572 *11	−2571 *12	−2570 *1	−2569 *2	−2568★ *3	−2567 *4	−2566 *5
−2529 壬子 *6	−2528★ *7	−2527 *8	−2526★	−2525 *10	−2524 *11	−2523 *12	−2522 *1	−2521 *2	−2520 *3	−2519 *4	−2518 超辰
−2493 戊子 *7	−2492 *8	−2491 *9	★黄帝历元辛卯	−2489 *11		−2451 *1	−2450 *2	−2449★ *3	−2448 *4	−2447 *5	−2446 *6

续表

十二地支:子	丑	寅	卯	辰	巳	午	未	申	酉	戌	亥
-2433戊子 *7	-2432超辰	-2431*10	-2430*11★	-2429*12	-2428*1	★-2427*2	-2426*3	-2425*4	-2424*5	-2423*6	-2422*7
-2397甲子*8	-2396*9	-2395*10	-2394*11	-2393*12	-2392己巳	★颛顼历元	-2390*3	★-2389*4	-2388*5	-2387*6	-2386*7
-2361庚子 *8	-2360*9	-2359*10	-2358*11	-2357尧辰	-2356*1	-2355*2	-2354*3	-2353*4	-2352*5	-2351★	-2350*7
-2325尧元年丙子	-2324*10	-2323*11	-2322*12		-2296*2	-2295*3	-2294*4	-2293*5	-2292*6	-2291★	-2290*8
-2289★辰弗集于房	-2288*10	-2287*11		-2261*1	-2260超辰	-2259*4	-2258*5	-2257*6	-2256*7	-2255*8	-2254*9
-2253虞舜受命★	-2252*11	-2251*	★-2250	-2249*2	★-2248	-2247*4	-2246*5	-2245*6	-2244*7	-2243*8	-2242*9
-2241庚子*10	-2240*11	-2239*12	-2238*1	-2237*2	-2236*3	-2235*4	-2234*5	-2233*6	-2232*7	-2231★	-2230*9
-2229壬子*10	-2228*11	-2227*12	-2226*1	-2225夏禹元年	-2224*3	-2211*4	-2210★	-2209*6	-2208舜崩	-2207*8	-2206*9
-2193戊子*10	-2192*11	-2191*12	★-2190	-2189*2	-2188★	-2175*4	-2186★	-2161*7	仲康元年	胤侯征羲和	-2158*10
-2157甲子*11	乙丑	丙寅	丁卯	戊辰	-2152★己巳	庚午	-2150★辛未	壬申	癸酉	甲戌	乙亥
-2145丙子*11	丁丑	戊寅	己卯	庚辰	辛巳	壬午	癸未	甲申	乙酉	丙戌	丁亥
-2133戊子*11	己丑	庚寅	辛卯	壬辰	癸巳	甲午	乙未	丙申	丁酉	戊戌	己亥
-2121庚子*11	辛丑	壬寅	癸卯	甲辰	乙巳	丙午	丁未	戊申	-2112★己酉	庚戌	-2110★辛亥

续表

十二地支:子	丑	寅	卯	辰	巳	午	未	申	酉	戌	亥
−2109 壬子 * 11	癸丑	甲寅	乙卯	丙辰	丁巳	戊午	己未	庚申	辛酉	壬戌	癸亥
−2097 甲子 * 11	* 12	* 1	* 2	* 3	−2092★	* 5	−2090★	* 7	−2088 超辰	* 10	* 11
−2061 庚子 * 12	* 1	* 2	* 3	* 4	* 5	* 6	−2054★	* 8	−2052★	* 10	−2050★ * 11
★2013 戊子 * 12	* 1	* 2	* 3	* 4	* 5	* 6	* 7	* 8	−1992★	* 10	−2002 超辰
−1953★五星聚营室	−1952 * 2	★−1951 * 3	* 4	* 5	−1936 乙巳	* 7	* 8	* 9	* 10	* 11	* 12
−1917 甲子 * 1	−1916 超辰	* 4	* 5	−1913★	−1912 * 7	−1911★	−1874 * 9	−1873★ * 10	−1872 * 11	* 12	−1870 * 1
−1869 壬子 * 2	* 3	* 4	* 5	★−1853	* 7	* 8	* 9	−1849 ★	−1848 * 11	* 12	* 1
−1821 庚子 * 3	* 4	* 5	* 6	* 7	* 8	−1815★	−1814 * 10	−1813 ★	* 12	−1811 * 1	−1810 * 2
−1785 丙子 * 3	−1772 ★	* 5	* 6	* 7	* 8	−1755★ * 9	−1766 商灭夏	* 11	* 12	* 1	* 2
−1713 戊子 * 4	−1712 ★	−1711 * 6	−1710★	−1709 * 8	* 9	* 10	* 11	* 12	* 1	* 2	* 3
−1677 甲子 * 4	−1676 ★	* 6	−1674★	* 8	* 9	* 10	−1658 超辰	* 1	* 2	* 3	* 4
−1641 庚子 * 5	* 6	* 7	* 8	* 9	−1636★	* 11	* 12	* 1	* 2	* 3	* 4
−1629 壬子 * 5	−1616 ★	* 7	−1614★	−1577 * 9	−1576★	* 11	* 12	−1573★	−1572 超辰	* 4	* 5

续表

十二地支:子	丑	寅	卯	辰	巳	午	未	申	酉	戌	亥
-1569 壬子 *6	癸丑*7	-1567 殷历元	*9	*10	*11	*12	*1	-1537★	*3	-1535★	*5
-1533 戊子 *6	*7	*8	*9	*10	-1516*11	★-1515*	*1	★-1513*2	*3	-1511*4	-1486 超辰
-1473 戊子 *7	*8	*9	*10	*11	*12	1	-1477★	*3	-1475★	*5	-1473★*6
-1461 庚子*8	*9	-1435★*10	*11	-1433★	*1	*2	*3	*4	*5	*6	-1402 商改号殷
-1401 庚子 *8	-1400 超辰	*11	*12	*1	-1396★	*3	*4	*5	*6	*7	*8
-1377 甲子★*9	*10	-1375★	*12	-1373★	*2	*3	*4	*5	*6	*7	*8
-1341 庚子 *9	-1340	-1339 ★	*12	*1	★-1336*2	*3	*4	*5	*6	*7	*8
-1293 戊子*9	*10	*11	★-1278	*1	★-1276*2	*3	*4	*5	-1236★	*7	-1234★
-1233 戊子*9	*10	*11	*12	*1	-1228 超辰	*4	*5	*6	-1200★	*8	-1198★
-1197 甲子*10	*11	*12	-1182 文王元年	*2	*3	*4	*5	*6	*7	*8	*9
-1173 戊子*10	*11	*12	*1	*2	*3	-1155 丙午	-1142 超辰	-1141*7	-1140*8	★五星聚房	文王受命
★-1137 太初上元	-1136*12	★-1135*1	丁卯*2	*3	-1132 文王薨	*5	*6	-1129*7	癸酉*8	-1127*9	*10
-1125 丙子*11	-1124*12	-1123*1	武王伐纣	-1121*3	-1120*4	-1119*5	岁在鹑火	-1117*7	武王酉年崩	-1115*9	-1114*10

续表

十二地支:子	丑	寅	卯	辰	巳	午	未	申	酉	戌	亥
−1113 戊子 * 11	* 12	−1111 * 1	* 2	* 3	* 4	* 5	* 6	* 7	* 8	−1103 * 9	* 10
−1101 庚子 * 11	* 12	★−1099	* 2	−1097★	* 4	★−1095	* 6	* 7	* 8	* 9	* 10
−1065 丙子 * 11	−1064 * 12	−1063 * 1	−1062 * 2	−1061★	−1060 * 4	五星聚于井★	−1058 * 6	* 7	−1056 超辰	* 10	* 11
−1053 戊子 * 12	* 1	★−1039	* 3	* 4	−1048 * 5	岁在鹑火	−1046 * 7	−1045 * 8	* 9	* 10	* 11
−1029 壬子 * 12	* 1	* 2	* 3	* 4	* 5	* 6	* 7	* 8	−1020 * 9	五星聚于箕★	−1018 * 11
−1005 丙子 * 12	* 1	* 2	* 3	−1001★	−1000 * 5	−999 * 6	* 7	−997 ★ * 8	* 9	* 10	−970 超辰
−969 壬子 * 1	* 2	* 3	* 4	* 5	* 6	* 7	* 8	−961★ * 9	* 10	−959★11	* 12
−957 甲子 * 1	★−956 * 2	* 3	* 4	* 5	* 6	* 7	−938 * 8	共王 11 年	* 11	−935 天再旦	−934 * 1
−933 戊子 * 2	* 3	* 4	* 5	* 6	* 7	* 8	* 9	* 10	* 11	−899★	−862★ * 1
−861 庚子 * 2	−860★ * 3	* 4	* 5	* 6	* 7	* 8	−842 * 9	−841 共和元年	−840 * 11	* 12	* 1
−825 丙子 * 2	* 3	* 4	* 5	* 6	−820★ * 7	* 8	−818★ * 9	* 10	* 11	* 12	* 1
−777 甲子 * 3	* 4	* 5	* 6	* 7	* 8	* 9	−770 东周	−769 * 11	* 12	* 1	* 2
−765 丙子 * 3	* 4	* 5	* 6	* 7	−760★ * 8	* 9	−758 ★	−757 * 11	* 12	* 1	* 2

续表

十二地支:子	丑	寅	卯	辰	巳	午	未	申	酉	戌	亥
-729 壬子 *3	*4	*5	*6	*7	-724★*8	*9	-722 ★	*11	-720★*12	-719*1	*2
-717 甲子★*3	*4	*5	*6	*7	-712 超辰	-711*10	-710*11	*12	*1	*2	*3
-669 壬子 *4	*5	*6	*7	*8	-664*9	*10	-662 ★	-661*12	*1	*2	*3
-633 戊子 *4	*5	*6	*7	*8	-628*9	*10	-626 超辰	-625*1	-624*2	*3	*4
-621 庚子★*5	*6	-619★*7	*8	-617*9	*10	*11	*12	*1	*2	*3	*4
-597 甲子 *5	*6	-595 *7	*8	-593*9	*10	*11	*12	*1	*2	*3	*4
-585 丙子★*5	-584*6	-583★*7	*8	*9	*10	*11	*12	*1	*2	*3	*4
-561 庚子 *5	*6	-559★*7	*8	*9	*10	*11	*12	-553*1	*2	-551 孔子生	*5
-537 甲子 *6	*7	*8	*9	*10	*11	-543 释卒	*1	*2	-540 超辰	*5	*6
-525 丙子 *7	*8	*9	*10	*11	*12	-519*1★	*2	*3	*4	*5	*6
-489 壬子 *7	*8	*9	*10	*11	★-484	-483*1	★-482*2	-481*3	*4	-479 孔子卒	-454 超辰
-429 壬子 *7	*8	-427 甲寅	*10	-425*11	★-424	*1	★422*2	*3	★ -420*4	*5	*6
-393 戊子 *7	*8	*9	11	*11	*12	*1	-386★*2	*3	-384★*4	*5	*6

续表

十二地支:子	丑	寅	卯	辰	巳	午	未	申	酉	戌	亥
−369 壬子 *7	−368 超辰	−367*10	−366*11	*12	*1	*2	*3	*4	5	*6	*7
−345 丙子 *8	−344*9	−343 屈原生	*11	*12	*1	*2	−326★*3	*4	−324★*5	*6	−322★*7
−285 丙子 *8	★−284*9	−283*10	−282 超辰★	−281*1	*2	−279*3	屈原投江	−277*5	*6	*7	*8
−261 庚子 *9	*10	*11	*12	*1	*2	−255*3	−254*4	−253*5	*6	*7	*8
−249 壬子 *9	−248*10★	岁在星纪−247	−246*12	★−245*1	*2	−243★*3	*4	−241★*5	−240*6	*7	*8
−237 甲子 *9	*10	*11	−222*12	秦统一六国	−220*2	−207*3	封刘邦汉王	−205★五星聚东井	−204*6	*7	*8
−189 壬子*10	−188*11	★−187*12	*1	★−185*2	−184*3	−183 ★	*5	*6	*7	*8	*9
−177 甲子*10	*11	*12	*1	*2	*3	−147 ★	−146*5	−145★*6	*7	−143★*8	*9
−117 甲子*10	*11	*12	*1	*2	*3	*4	−110 超辰	−109 *7	*8	−107★*9	*10
−105 丙子*11	★太初元年	−103 *1	*2	*3	*4	−87★*5	*6	*7	*8	*9	*10
−81 庚子 *11	*12	*1	*2	*3	*4	*5	*6	−49★*7	−24 超辰	−47★*10	*11
−9 壬子 *12	−8*1	*2	*3	*4	−4★*5	−3*6	*7	−1 *8	西汉平帝元年	2 *10	3 *11
4 甲子 *12	*1	*2	*3	*4	*5	*6	*7	*8	*9	14*10★	*11

续表

十二地支:子	丑	寅	卯	辰	巳	午	未	申	酉	戌	亥
52 壬子 *12	★53*1	*2	55★*3	*4	57★*5	*6	*7	*8	*9	62 超辰	*12
88 戊子 *1	*2	*3	*4	*5	93★*6	*7	95★*8	*9	*10	*11	*12
★136 丙子 *1	*2	*3	*4	*5	*6	*7	*8	144 *9	193★*11	*12	*1
★196 丙子 *2	*3	198★*4	*5	*6	*7	*8	*9	*10	*11	*12	*1
220 庚子 魏	221 蜀*3	222 吴	223*5	*6	*7	*8	*9	*10	*11	*12	*1
★232 壬子 *2	*3	234 超辰★	*6	*7	*8	*9	*10	*11	253*12★	254*1	*2
★256 ★292*3	*4	294★*5	*6	*7	*8	*9	*10	*11	265 西晋	*1	*2
316 丙子 *3	317 东晋	*5	*6	超辰★332	*9	334★*10	*11	*12	*1	*2	*3
376 丙子 *4	*5	*6	*7	392★*8	*9	394★*10	371★*11	372*12	*1	*2	*3
400 庚子 *4	*5	*6	*7	*8	*9	406 超辰	*12	420 南北朝	*2	*3	*4
424 甲子 *5	*6	*7	*8	*9	429 祖冲之生	*11	*12	*1	★433*2	*3	*4
436 丙子 *5	*6	*7	*8	500 祖冲之卒	*10	490*11★	491*12	492 超辰	529★*3	*4	507★531★
532 壬子 *6	533★*7	*8	535★*9	*10	*11	*12	*1	*2	*3	*4	567★*5

续表

十二地支:子	丑	寅	卯	辰	巳	午	未	申	酉	戌	亥
580 庚子 *7	569★581 隋	*9	571★*10	*11	*12	*1	*2	*3	*4	578 超辰	*6
616 丙子 *7	*8	618 李渊唐	631★*10	*11	*12	*1	*2	672★*3	*4	*5	*6
664 甲子超辰	*9	690 武则天周	*11	*12	*1	*2	*3	708★*4	*5	710★*6	*7
712 壬子★*9	*10	*11	*12	*1	*2	*3	*4	732★*5	*6	734★*7	*8
748 戊子 *9	*10	*11	*12	*1	753 *2	*3	755*4	768★*5	*6	770★806★	*8
808 戊子★*9	*10	*11	811★*12	836 超辰	849★*3	*4	*5	*6	*7	866★*8	*9
868 戊子*10	*11	870★*12	*1	*2	873★*3	*4	*6	*7	*8	*9	*10
904 甲子*11	*12	*1	907 五代十国	*3	909★*4	922 超辰	*7	*8	*9	*10	*11
952 壬子*11	*12	*1	*2	*3	945★*4	*5	947★*6	960 北宋	949★*8	*9	*10
964 甲子*11	*12	966*1	★五星聚奎	968*3	*4	*5	*6	*7	*8	*9	*10
1000 庚子*11	*12	*1	*2	*3	1005★*4	1006*5	★五星聚鹑火	1008 超辰	1009★9	1010*10	*11
1036 丙子*12	*1	*2	*3	*4	*5	*6	*7	*8	1045 ★	1094 超辰	*12
1096 丙子 *1	*2	*3	*4	*5	*6	*7	*8	*9	1105 ★	*11	*12

续表

十二地支:子	丑	寅	卯	辰	巳	午	未	申	酉	戌	亥
1108 戊子★*1	*2	1146★*3	*5	1148★*5	*6	*7	1127 南宋	*9	*10	*11	*12
1180 庚子超辰	*3	*4	*5	*6	1185*7	★七曜聚轸	1187*9	*10	*11	*12	*1
1204 甲子 *2	*3	*4	*5	1208★*6	*7	1246★*8	1271 元朝	*10	*11	*12	*1
1276 丙子 *2	*3	1266 超辰	*6	*7	*8	*9	*10	*11	*12	*1	★1287*2
1288 戊子 *3	*4	*5	*6	1352 超辰	*9	1306★*10	*11	1368 明朝	*1	*2	★1347*3
1372 壬子 *4	1385★*5	*6	*7	*8	*9	1438 超辰	*12	*1	*2	*3	*4
1468 戊子 *5	1445★*6	*7	*8	*9	1485★*10	*11	*12	1488★*1	*2	*3	*4
1516 丙子 *5	*6	*7	*8	*9	*10	1522*11★	1524 超辰	★五星聚于奎	1525*3	*4	*5
1552 壬子 *6	*7	*8	*9	*10	1545★*11	*12	*1	1584★*2	*3	*4	*5
1588 戊子 *6	*7	*8	*9	*10	*11	*12	*1	*2	1610 超辰	1622★*5	*6
1624 甲子★*7	*8	*9	*10	*11	*12	*1	*2	1644 清朝	*4	*5	*6
1660 庚子 *7	*8	1662★*9	*10	*11	*12	*1	*2	*3	*4	*5	1684★*6
1720 庚子 *8	*9	1722★*10	*11	1724★12	1761★*1	*2	1763★*3	*4	1765★*5	*6	*7

续表

十二地支:子	丑	寅	卯	辰	巳	午	未	申	酉	戌	亥
1804 甲子 *8	*9	1782 超辰	*12	*1	1821★*2	*3	1823★*4	*5	1861★*6	*7	1863★*8
1864 甲子 *9	1865★*10	*11	*12	1868 超辰	*3	*4	*5	*6	*7	*8	*9
1888 戊子 *10	*11	1902★*12	*1	*2	*3	*4	*5	*6	*7	*8	1911 辛亥革命
1900 庚子 *10	*11	*12	*1	*2	*3	*4	*5	*6	1921★*7	*8	1923★9
1924 甲子 *10	1925*11★	*12	*1	1940*2	1941*3	*4	*5	*6	*7	*8	*9
1948 戊子 *10	共和国成立	*12	*1	*2	*4	1954 超辰	*6	*7	*8	*9	1959★10
1960 庚子 *11	1961*12	★七曜同宫*1	1963*2	*3	*4	*5	*6	*7	*8	1982*9	1983★10
1984 甲子 *11	*12	1998★*1	*2	2000★*3	*4	2002★*5	*6	2004★*7	*8	2006*9	*10
2008 戊子 *11	*12	2010*1	*2	2012*3	2013*4	2014 *5	*6	2C16*7	*8	2018*9	*10
2020 庚子 *11	*12	2022★*1	*2	2024*3	*4	2026 *5	*6	*7	*8	2030*9	*10
2032 壬子 *11	*12	2034 *1	*2	2036*3	*4	2038 *5	*6	2040★超辰	*9	*10	2043*1
十二地支:子	丑	寅	卯	辰	巳	午	未	申	酉	戌	亥

★五星聚与《五千年中国历史年表》(压缩版)

说明 附录4是依据516年中有六次超辰,并且以公元1962年2月5日五星聚于宝瓶宫(查附录3为＊12)和公元前626年"岁在星纪,而淫于玄枵"为基准而构造的.

表中记号"★"表示这一年有五星聚合,这是依据附录1计算确定的.使用该《对照表》(压缩版)的时候可以根据需要解压.如《左传》载:"晋文公(重耳)奔狄之年岁星曾居大火"对应＊9,查附录4表可能为公元前628年或－640年或－652年或－664年等,再根据其他史实可以敲定"奔狄之年"为－652年(约有1年左右的误差).又如公元前278年五月初五投江的屈原自称于寅年寅月寅日生,查附录4表推测屈原生于－343年正月.

下列史书记载的可以进一步验明本《对照表》的准确性:

(1)《晋书》载:晋安帝义熙十二年(丙辰,公元416年)五月甲申,"岁星留房心之间"＊9.

(2)《宋书·天文志》载:晋简文咸安二年(壬申,公元372年)正月己酉,岁星犯填星,在须女＊12.

(3)《新唐书·天文志三》载:唐高祖"武德九年(丙戌,公元626年)六月己卯,岁星辰星合于东井.""天宝十四载(乙未)十二月(公元756年首)月食,岁星在东井,安禄山起兵.""唐代宗大历三年(戊申,公元768年)九月壬申,岁星入舆鬼."

(4)《宋史》卷二六三《窦俨传》:"俨尝谓之曰:'丁卯岁(宋太祖乾德五年,公元967年)五星聚奎,自此天下太平.'"又卷五六《天文志九》:"乾德五年三月,五星如连珠,聚于奎、娄之次.……庆历三年十一月壬辰,五星皆见东方."

5)《宋书》卷二十五《天文志·星传》曰:"四星若合,是谓太阳,其国兵丧并起,君子忧,小人流.五星若合,是谓易行.有德受庆,改立王者,奄有四方;无德受罚,离其国家,灭其宗庙.今案遗文所存,五星聚者有三:周汉以王齐以霸,周将伐殷,五星聚房.齐桓将霸,五星聚箕.汉高入秦,五星聚东井."这里"五星聚房"是在公元前 1139 年.

参 考 文 献

[1] 李俨. 中算史论丛[M]. 北京:中国科学院出版,1954.

[2] 潘承洞. 初等数论[M]. 北京:北京大学出版社,1992.

[3] 秦九韶. 数学九章[M]. 北京:中华书局,1985.

[4] 吴文俊. 近年来中国数学史的研究[C]//吴文俊. 中国数学史论文集:第 3 辑. 济南:山东教育出版社,1987:43-49.

[5] 翁文波,张清. 天干地支纪历与预测[M]. 北京:科学出版社,1993.

[6] 华罗庚. 数论导引[M]. 北京:科学出版社,1957.

[7] 左铨如."大衍求一术"为"孙子定理"解困[C]//21 世纪教育思想文献. 北京:红旗出版社,2007:410-412.

[8] 莫绍揆. 论秦九韶大衍总数术[C]//李迪. 数学史研究文集:第 4 辑. 呼和浩特:内蒙古大学出版社,1993:88-95.

[9] 《中华五千年长历》编写组. 中华五千年长历[M]. 北京:气象出版社,2002.

[10] 邵雍. 皇极经世书·观物篇[M]. 海南:海南出版社 1993.

[11] 华罗庚. 从祖冲之的圆周率谈起[M]. 北京:科学出版社,2002.

[12] 曲安京.《大明历》的上元积年计算[C]//李迪.

数学史研究文集:第 2 辑. 呼和浩特:内蒙古大学出版社,1991:51-57.

[13] 金尚年. 经典力学[M]. 上海:复旦大学出版社,1987.

[14] 施国良. 宏观场论[M]. 北京:中国地质大学出版社,1987.

[15] 王永久. 引力理论和引力效应[M]. 湖南:湖南科学技术出版社,1990.

[16] 理查兹 W G,斯科特 P R. 原子结构和原子光谱[M]. 北京:人民教育出版社,1981.

[17] 爱因斯坦. 狭义与广义相对论浅说[M]. 杨润殷,译. 上海:上海科学技术出版社,1964.

[18] 章鸿钊. 中国古历析疑[M]. 北京:科学出版社,1958.

[19] 黄一农. 社会天文学史十讲[M]. 北京:复旦大学出版社,2004.

[20] 葛真. 夏朝五星聚的年代研究[J]. 贵州工业大学学报,2000,2(1):8-14.

[21] 张闻玉. 古代天文历法论集[M]. 贵州:贵州人民出版社,1995.

[22] 江晓原,钮卫星. 回天——武王伐纣与天文历史年代学[M]. 上海:上海人民出版社,2000.

哈尔滨工业大学出版社刘培杰数学工作室已出版(即将出版)图书目录

书　　名	出版时间	定　价	编号
新编中学数学解题方法全书(高中版)上卷	2007—09	38.00	7
新编中学数学解题方法全书(高中版)中卷	2007—09	48.00	8
新编中学数学解题方法全书(高中版)下卷(一)	2007—09	42.00	17
新编中学数学解题方法全书(高中版)下卷(二)	2007—09	38.00	18
新编中学数学解题方法全书(高中版)下卷(三)	2010—06	58.00	73
新编中学数学解题方法全书(初中版)上卷	2008—01	28.00	29
新编中学数学解题方法全书(初中版)中卷	2010—07	38.00	75
新编中学数学解题方法全书(高考复习卷)	2010—01	48.00	67
新编中学数学解题方法全书(高考真题卷)	2010—01	38.00	62
新编中学数学解题方法全书(高考精华卷)	2011—03	68.00	118
新编平面解析几何解题方法全书(专题讲座卷)	2010—01	18.00	61
新编中学数学解题方法全书(自主招生卷)	2013—08	88.00	261
数学眼光透视	2008—01	38.00	24
数学思想领悟	2008—01	38.00	25
数学应用展观	2008—01	38.00	26
数学建模导引	2008—01	28.00	23
数学方法溯源	2008—01	38.00	27
数学史话览胜	2008—01	28.00	28
数学思维技术	2013—09	38.00	260
从毕达哥拉斯到怀尔斯	2007—10	48.00	9
从迪利克雷到维斯卡尔迪	2008—01	48.00	21
从哥德巴赫到陈景润	2008—05	98.00	35
从庞加莱到佩雷尔曼	2011—08	138.00	136
数学解题中的物理方法	2011—06	28.00	114
数学解题的特殊方法	2011—06	48.00	115
中学数学计算技巧	2012—01	48.00	116
中学数学证明方法	2012—01	58.00	117
数学趣题巧解	2012—03	28.00	128
三角形中的角格点问题	2013—01	88.00	207
含参数的方程和不等式	2012—09	28.00	213

哈尔滨工业大学出版社刘培杰数学工作室已出版(即将出版)图书目录

书　　名	出版时间	定　价	编号
数学奥林匹克与数学文化(第一辑)	2006－05	48.00	4
数学奥林匹克与数学文化(第二辑)(竞赛卷)	2008－01	48.00	19
数学奥林匹克与数学文化(第二辑)(文化卷)	2008－07	58.00	36′
数学奥林匹克与数学文化(第三辑)(竞赛卷)	2010－01	48.00	59
数学奥林匹克与数学文化(第四辑)(竞赛卷)	2011－08	58.00	87
数学奥林匹克与数学文化(第五辑)	2014－09		370

书　　名	出版时间	定　价	编号
发展空间想象力	2010－01	38.00	57
走向国际数学奥林匹克的平面几何试题诠释(上、下)(第1版)	2007－01	68.00	11,12
走向国际数学奥林匹克的平面几何试题诠释(上、下)(第2版)	2010－02	98.00	63,64
平面几何证明方法全书	2007－08	35.00	1
平面几何证明方法全书习题解答(第1版)	2005－10	18.00	2
平面几何证明方法全书习题解答(第2版)	2006－12	18.00	10
平面几何天天练上卷·基础篇(直线型)	2013－01	58.00	208
平面几何天天练中卷·基础篇(涉及圆)	2013－01	28.00	234
平面几何天天练下卷·提高篇	2013－01	58.00	237
平面几何专题研究	2013－07	98.00	258
最新世界各国数学奥林匹克中的平面几何试题	2007－09	38.00	14
数学竞赛平面几何典型题及新颖解	2010－07	48.00	74
初等数学复习及研究(平面几何)	2008－09	58.00	38
初等数学复习及研究(立体几何)	2010－06	38.00	71
初等数学复习及研究(平面几何)习题解答	2009－01	48.00	42
世界著名平面几何经典著作钩沉——几何作图专题卷(上)	2009－06	48.00	49
世界著名平面几何经典著作钩沉——几何作图专题卷(下)	2011－01	88.00	80
世界著名平面几何经典著作钩沉(民国平面几何老课本)	2011－03	38.00	113
世界著名解析几何经典著作钩沉——平面解析几何卷	2014－01	38.00	273
世界著名数论经典著作钩沉(算术卷)	2012－01	28.00	125
世界著名数学经典著作钩沉——立体几何卷	2011－02	28.00	88
世界著名三角学经典著作钩沉(平面三角卷Ⅰ)	2010－06	28.00	69
世界著名三角学经典著作钩沉(平面三角卷Ⅱ)	2011－01	38.00	78
世界著名初等数论经典著作钩沉(理论和实用算术卷)	2011－07	38.00	126
几何学教程(平面几何卷)	2011－03	68.00	90
几何学教程(立体几何卷)	2011－07	68.00	130
几何变换与几何证题	2010－06	88.00	70
计算方法与几何证题	2011－06	28.00	129
立体几何技巧与方法	2014－04	88.00	293
几何瑰宝——平面几何500名题暨1000条定理(上、下)	2010－07	138.00	76,77
三角形的解法与应用	2012－07	18.00	183
近代的三角形几何学	2012－07	48.00	184
一般折线几何学	即将出版	58.00	203
三角形的五心	2009－06	28.00	51
三角形趣谈	2012－08	28.00	212
解三角形	2014－01	28.00	265
三角学专门教程	2014－09	28.00	387
圆锥曲线习题集(上册)	2013－06	68.00	255

哈尔滨工业大学出版社刘培杰数学工作室已出版(即将出版)图书目录

书名	出版时间	定价	编号
圆锥曲线习题集(中册)	2015—01	78.00	434
圆锥曲线习题集(下册)	即将出版		
俄罗斯平面几何问题集	2009—08	88.00	55
俄罗斯立体几何问题集	2014—03	58.00	283
俄罗斯几何大师——沙雷金论数学及其他	2014—01	48.00	271
来自俄罗斯的5000道几何习题及解答	2011—03	58.00	89
俄罗斯初等数学问题集	2012—05	38.00	177
俄罗斯函数问题集	2011—03	38.00	103
俄罗斯组合分析问题集	2011—01	48.00	79
俄罗斯初等数学万题选——三角卷	2012—11	38.00	222
俄罗斯初等数学万题选——代数卷	2013—08	68.00	225
俄罗斯初等数学万题选——几何卷	2014—01	68.00	226
463个俄罗斯几何老问题	2012—01	28.00	152
近代欧氏几何学	2012—03	48.00	162
罗巴切夫斯基几何学及几何基础概要	2012—07	28.00	188

书名	出版时间	定价	编号
超越吉米多维奇——数列的极限	2009—11	48.00	58
超越普里瓦洛夫——留数卷	2015—01	28.00	437
Barban Davenport Halberstam 均值和	2009—01	40.00	33
初等数论难题集(第一卷)	2009—05	68.00	44
初等数论难题集(第二卷)(上、下)	2011—02	128.00	82,83
谈谈素数	2011—03	18.00	91
平方和	2011—03	18.00	92
数论概貌	2011—03	18.00	93
代数数论(第二版)	2013—08	58.00	94
代数多项式	2014—06	38.00	289
初等数论的知识与问题	2011—02	28.00	95
超越数论基础	2011—03	28.00	96
数论初等教程	2011—03	28.00	97
数论基础	2011—03	18.00	98
数论基础与维诺格拉多夫	2014—03	18.00	292
解析数论基础	2012—08	28.00	216
解析数论基础(第二版)	2014—01	48.00	287
解析数论问题集(第二版)	2014—05	88.00	343
解析几何研究	2015—01	38.00	425
数论入门	2011—03	38.00	99
数论开篇	2012—07	28.00	194
解析数论引论	2011—03	48.00	100
复变函数引论	2013—10	68.00	269
无穷分析引论(上)	2013—04	88.00	247
无穷分析引论(下)	2013—04	98.00	245

哈尔滨工业大学出版社刘培杰数学工作室已出版(即将出版)图书目录

书　　名	出版时间	定　价	编号
数学分析	2014－04	28.00	338
数学分析中的一个新方法及其应用	2013－01	38.00	231
数学分析例选:通过范例学技巧	2013－01	88.00	243
三角级数论(上册)(陈建功)	2013－01	38.00	232
三角级数论(下册)(陈建功)	2013－01	48.00	233
三角级数论(哈代)	2013－06	48.00	254
基础数论	2011－03	28.00	101
超越数	2011－03	18.00	109
三角和方法	2011－03	18.00	112
谈谈不定方程	2011－05	28.00	119
整数论	2011－05	38.00	120
随机过程(Ⅰ)	2014－01	78.00	224
随机过程(Ⅱ)	2014－01	68.00	235
整数的性质	2012－11	38.00	192
初等数论 100 例	2011－05	18.00	122
初等数论经典例题	2012－07	18.00	204
最新世界各国数学奥林匹克中的初等数论试题(上、下)	2012－01	138.00	144,145
算术探索	2011－12	158.00	148
初等数论(Ⅰ)	2012－01	18.00	156
初等数论(Ⅱ)	2012－01	18.00	157
初等数论(Ⅲ)	2012－01	28.00	158
组合数学	2012－04	28.00	178
组合数学浅谈	2012－03	28.00	159
同余理论	2012－05	38.00	163
丢番图方程引论	2012－03	48.00	172
平面几何与数论中未解决的新老问题	2013－01	68.00	229
法雷级数	2014－08	18.00	367
代数数论简史	2014－11	28.00	408
摆线族	2015－01	38.00	438
历届美国中学生数学竞赛试题及解答(第一卷)1950－1954	2014－07	18.00	277
历届美国中学生数学竞赛试题及解答(第二卷)1955－1959	2014－04	18.00	278
历届美国中学生数学竞赛试题及解答(第三卷)1960－1964	2014－06	18.00	279
历届美国中学生数学竞赛试题及解答(第四卷)1965－1969	2014－04	28.00	280
历届美国中学生数学竞赛试题及解答(第五卷)1970－1972	2014－06	18.00	281
历届美国中学生数学竞赛试题及解答(第七卷)1981－1986	2015－01	18.00	424

哈尔滨工业大学出版社刘培杰数学工作室已出版(即将出版)图书目录

书　　名	出版时间	定　价	编号
历届 IMO 试题集(1959—2005)	2006—05	58.00	5
历届 CMO 试题集	2008—09	28.00	40
历届中国数学奥林匹克试题集	2014—10	38.00	394
历届加拿大数学奥林匹克试题集	2012—08	38.00	215
历届美国数学奥林匹克试题集:多解推广加强	2012—08	38.00	209
保加利亚数学奥林匹克	2014—10	38.00	393
圣彼得堡数学奥林匹克试题集	2015—01	48.00	429
历届国际大学生数学竞赛试题集(1994—2010)	2012—01	28.00	143
全国大学生数学夏令营数学竞赛试题及解答	2007—03	28.00	15
全国大学生数学竞赛辅导教程	2012—07	28.00	189
全国大学生数学竞赛复习全书	2014—04	48.00	340
历届美国大学生数学竞赛试题集	2009—03	88.00	43
前苏联大学生数学奥林匹克竞赛题解(上编)	2012—04	28.00	169
前苏联大学生数学奥林匹克竞赛题解(下编)	2012—04	38.00	170
历届美国数学邀请赛试题集	2014—01	48.00	270
全国高中数学竞赛试题及解答.第 1 卷	2014—07	38.00	331
大学生数学竞赛讲义	2014—09	28.00	371
高考数学临门一脚(含密押三套卷)(理科版)	2015—01	24.80	421
高考数学临门一脚(含密押三套卷)(文科版)	2015—01	24.80	422
整函数	2012—08	18.00	161
多项式和无理数	2008—01	68.00	22
模糊数据统计学	2008—03	48.00	31
模糊分析学与特殊泛函空间	2013—01	68.00	241
受控理论与解析不等式	2012—05	78.00	165
解析不等式新论	2009—06	68.00	48
反问题的计算方法及应用	2011—11	28.00	147
建立不等式的方法	2011—03	98.00	104
数学奥林匹克不等式研究	2009—08	68.00	56
不等式研究(第二辑)	2012—02	68.00	153
初等数学研究(Ⅰ)	2008—09	68.00	37
初等数学研究(Ⅱ)(上、下)	2009—05	118.00	46,47
中国初等数学研究　2009 卷(第 1 辑)	2009—05	20.00	45
中国初等数学研究　2010 卷(第 2 辑)	2010—05	30.00	68
中国初等数学研究　2011 卷(第 3 辑)	2011—07	60.00	127
中国初等数学研究　2012 卷(第 4 辑)	2012—07	48.00	190
中国初等数学研究　2014 卷(第 5 辑)	2014—02	48.00	288
数阵及其应用	2012—02	28.00	164
绝对值方程—折边与组合图形的解析研究	2012—07	48.00	186
不等式的秘密(第一卷)	2012—02	28.00	154
不等式的秘密(第一卷)(第 2 版)	2014—02	38.00	286
不等式的秘密(第二卷)	2014—01	38.00	268

哈尔滨工业大学出版社刘培杰数学工作室已出版(即将出版)图书目录

书　　名	出版时间	定　价	编号
初等不等式的证明方法	2010—06	38.00	123
初等不等式的证明方法(第二版)	2014—11	38.00	407
数学奥林匹克在中国	2014—06	98.00	344
数学奥林匹克问题集	2014—01	38.00	267
数学奥林匹克不等式散论	2010—06	38.00	124
数学奥林匹克不等式欣赏	2011—09	38.00	138
数学奥林匹克超级题库(初中卷上)	2010—01	58.00	66
数学奥林匹克不等式证明方法和技巧(上、下)	2011—08	158.00	134,135
近代拓扑学研究	2013—04	38.00	239

书　　名	出版时间	定　价	编号
新编 640 个世界著名数学智力趣题	2014—01	88.00	242
500 个最新世界著名数学智力趣题	2008—06	48.00	3
400 个最新世界著名数学最值问题	2008—09	48.00	36
500 个世界著名数学征解问题	2009—06	48.00	52
400 个中国最佳初等数学征解老问题	2010—01	48.00	60
500 个俄罗斯数学经典老题	2011—01	28.00	81
1000 个国外中学物理好题	2012—04	48.00	174
300 个日本高考数学题	2012—05	38.00	142
500 个前苏联早期高考数学试题及解答	2012—05	28.00	185
546 个早期俄罗斯大学生数学竞赛题	2014—03	38.00	285
548 个来自美苏的数学好问题	2014—11	28.00	396

书　　名	出版时间	定　价	编号
博弈论精粹	2008—03	58.00	30
数学　我爱你	2008—01	28.00	20
精神的圣徒　别样的人生——60 位中国数学家成长的历程	2008—09	48.00	39
数学史概论	2009—06	78.00	50
数学史概论(精装)	2013—03	158.00	272
斐波那契数列	2010—02	28.00	65
数学拼盘和斐波那契魔方	2010—07	38.00	72
斐波那契数列欣赏	2011—01	28.00	160
数学的创造	2011—02	48.00	85
数学中的美	2011—02	38.00	84
数论中的美学	2014—12	38.00	351

书　　名	出版时间	定　价	编号
王连笑教你怎样学数学:高考选择题解题策略与客观题实用训练	2014—01	48.00	262
王连笑教你怎样学数学:高考数学高层次讲座	2015—02	48.00	432
最新全国及各省市高考数学试卷解法研究及点拨评析	2009—02	38.00	41
高考数学的理论与实践	2009—08	38.00	53
中考数学专题总复习	2007—04	28.00	6
向量法巧解数学高考题	2009—08	28.00	54
高考数学核心题型解题方法与技巧	2010—01	28.00	86
高考思维新平台	2014—03	38.00	259
数学解题——靠数学思想给力(上)	2011—07	38.00	131
数学解题——靠数学思想给力(中)	2011—07	48.00	132
数学解题——靠数学思想给力(下)	2011—07	38.00	133
我怎样解题	2013—01	48.00	227

哈尔滨工业大学出版社刘培杰数学工作室 已出版(即将出版)图书目录

书　　名	出版时间	定　价	编号
和高中生漫谈:数学与哲学的故事	2014－08	28.00	369
2011 年全国及各省市高考数学试题审题要津与解法研究	2011－10	48.00	139
2013 年全国及各省市高考数学试题解析与点评	2014－01	48.00	282
新课标高考数学——五年试题分章详解(2007～2011)(上、下)	2011－10	78.00	140,141
30 分钟拿下高考数学选择题、填空题	2012－01	48.00	146
全国中考数学压轴题审题要津与解法研究	2013－04	78.00	248
新编全国及各省市中考数学压轴题审题要津与解法研究	2014－05	58.00	342
高考数学压轴题解题诀窍(上)	2012－02	78.00	166
高考数学压轴题解题诀窍(下)	2012－03	28.00	167
自主招生考试中的参数方程问题	2015－01	28.00	435

书　　名	出版时间	定　价	编号
格点和面积	2012－07	18.00	191
射影几何趣谈	2012－04	28.00	175
斯潘纳尔引理——从一道加拿大数学奥林匹克试题谈起	2014－01	18.00	228
李普希兹条件——从几道近年高考数学试题谈起	2012－10	18.00	221
拉格朗日中值定理——从一道北京高考试题的解法谈起	2012－10	18.00	197
闵科夫斯基定理——从一道清华大学自主招生试题谈起	2014－01	28.00	198
哈尔测度——从一道冬令营试题的背景谈起	2012－08	28.00	202
切比雪夫逼近问题——从一道中国台北数学奥林匹克试题谈起	2013－04	38.00	238
伯恩斯坦多项式与贝齐尔曲面——从一道全国高中数学联赛试题谈起	2013－03	38.00	236
卡塔兰猜想——从一道普特南竞赛试题谈起	2013－06	18.00	256
麦卡锡函数和阿克曼函数——从一道前南斯拉夫数学奥林匹克试题谈起	2012－08	18.00	201
贝蒂定理与拉姆贝克莫斯尔定理——从一个拣石子游戏谈起	2012－08	18.00	217
皮亚诺曲线和豪斯道夫分球定理——从无限集谈起	2012－08	18.00	211
平面凸图形与凸多面体	2012－10	28.00	218
斯坦因豪斯问题——从一道二十五省市自治区中学数学竞赛试题谈起	2012－07	18.00	196
纽结理论中的亚历山大多项式与琼斯多项式——从一道北京市高一数学竞赛试题谈起	2012－07	28.00	195
原则与策略——从波利亚"解题表"谈起	2013－04	38.00	244
转化与化归——从三大尺规作图不能问题谈起	2012－08	28.00	214
代数几何中的贝祖定理(第一版)——从一道 IMO 试题的解法谈起	2013－08	38.00	193
成功连贯理论与约当块理论——从一道比利时数学竞赛试题谈起	2012－04	18.00	180
磨光变换与范·德·瓦尔登猜想——从一道环球城市竞赛试题谈起	即将出版		
素数判定与大数分解	2014－08	18.00	199
置换多项式及其应用	2012－10	18.00	220
椭圆函数与模函数——从一道美国加州大学洛杉矶分校(UCLA)博士资格考题谈起	2012－10	38.00	219
差分方程的拉格朗日方法——从一道 2011 年全国高考理科试题的解法谈起	2012－08	28.00	200

哈尔滨工业大学出版社刘培杰数学工作室已出版(即将出版)图书目录

书　名	出版时间	定　价	编号
力学在几何中的一些应用	2013－01	38.00	240
高斯散度定理、斯托克斯定理和平面格林定理——从一道国际大学生数学竞赛试题谈起	即将出版		
康托洛维奇不等式——从一道全国高中联赛试题谈起	2013－03	28.00	337
西格尔引理——从一道第 18 届 IMO 试题的解法谈起	即将出版		
罗斯定理——从一道前苏联数学竞赛试题谈起	即将出版		
拉克斯定理和阿廷定理——从一道 IMO 试题的解法谈起	2014－01	58.00	246
毕卡大定理——从一道美国大学数学竞赛试题谈起	2014－07	18.00	350
贝齐尔曲线——从一道全国高中联赛试题谈起	即将出版		
拉格朗日乘子定理——从一道 2005 年全国高中联赛试题谈起	即将出版		
雅可比定理——从一道日本数学奥林匹克试题谈起	2013－04	48.00	249
李天岩一约克定理——从一道波兰数学竞赛试题谈起	2014－06	28.00	349
整系数多项式因式分解的一般方法——从克朗耐克算法谈起	即将出版		
布劳维不动点定理——从一道前苏联数学奥林匹克试题谈起	2014－01	38.00	273
压缩不动点定理——从一道高考数学试题的解法谈起	即将出版		
伯恩赛德定理——从一道英国数学奥林匹克试题谈起	即将出版		
布查特一莫斯特定理——从一道上海市初中竞赛试题谈起	即将出版		
数论中的同余数问题——从一道普特南竞赛试题谈起	即将出版		
范・德蒙行列式——从一道美国数学奥林匹克试题谈起	即将出版		
中国剩余定理:总数法构建中国历史年表	2015－01	28.00	430
牛顿程序与方程求根——从一道全国高考试题解法谈起	即将出版		
库默尔定理——从一道 IMO 预选试题谈起	即将出版		
卢丁定理——从一道冬令营试题的解法谈起	即将出版		
沃斯滕霍姆定理——从一道 IMO 预选试题谈起	即将出版		
卡尔松不等式——从一道莫斯科数学奥林匹克试题谈起	即将出版		
信息论中的香农熵——从一道近年高考压轴题谈起	即将出版		
约当不等式——从一道希望杯竞赛试题谈起	即将出版		
拉比诺维奇定理	即将出版		
刘维尔定理——从一道《美国数学月刊》征解问题的解法谈起	即将出版		
卡塔兰恒等式与级数求和——从一道 IMO 试题的解法谈起	即将出版		
勒让德猜想与素数分布——从一道爱尔兰竞赛试题谈起	即将出版		
天平称重与信息论——从一道基辅市数学奥林匹克试题谈起	即将出版		
哈密尔顿一凯莱定理:从一道高中数学联赛试题的解法谈起	2014－09	18.00	376
艾思特曼定理——从一道 CMO 试题的解法谈起	即将出版		

哈尔滨工业大学出版社刘培杰数学工作室已出版(即将出版)图书目录

书　　名	出版时间	定　价	编号
一个爱尔特希问题——从一道西德数学奥林匹克试题谈起	即将出版		
有限群中的爱丁格尔问题——从一道北京市初中二年级数学竞赛试题谈起	即将出版		
贝克码与编码理论——从一道全国高中联赛试题谈起	即将出版		
帕斯卡三角形	2014—03	18.00	294
蒲丰投针问题——从2009年清华大学的一道自主招生试题谈起	2014—01	38.00	295
斯图姆定理——从一道"华约"自主招生试题的解法谈起	2014—01	18.00	296
许瓦兹引理——从一道加利福尼亚大学伯克利分校数学系博士生试题谈起	2014—08	18.00	297
拉格朗日中值定理——从一道北京高考试题的解法谈起	2014—01		298
拉姆塞定理——从王诗宬院士的一个问题谈起	2014—01		299
坐标法	2013—12	28.00	332
数论三角形	2014—04	38.00	341
毕克定理	2014—07	18.00	352
数林掠影	2014—09	48.00	389
我们周围的概率	2014—10	38.00	390
凸函数最值定理:从一道华约自主招生题的解法谈起	2014—10	28.00	391
易学与数学奥林匹克	2014—10	38.00	392
生物数学趣谈	2015—01	18.00	409
反演	2015—01		420
因式分解与圆锥曲线	2015—01	18.00	426
轨迹	2015—01	28.00	427
面积原理:从常庚哲命的一道CMO试题的积分解法谈起	2015—01	48.00	431
形形色色的不动点定理:从一道28届IMO试题谈起	2015—01	38.00	439
柯西函数方程:从一道上海交大自主招生的试题谈起	2015—02	28.00	440

书　　名	出版时间	定　价	编号
中等数学英语阅读文选	2006—12	38.00	13
统计学专业英语	2007—03	28.00	16
统计学专业英语(第二版)	2012—07	48.00	176
幻方和魔方(第一卷)	2012—05	68.00	173
尘封的经典——初等数学经典文献选读(第一卷)	2012—07	48.00	205
尘封的经典——初等数学经典文献选读(第二卷)	2012—07	38.00	206

书　　名	出版时间	定　价	编号
实变函数论	2012—06	78.00	181
非光滑优化及其变分分析	2014—01	48.00	230
疏散的马尔科夫链	2014—01	58.00	266
马尔科夫过程论基础	2015—01	28.00	433
初等微分拓扑学	2012—07	18.00	182
方程式论	2011—03	38.00	105
初级方程式论	2011—03	28.00	106
Galois理论	2011—03	18.00	107
古典数学难题与伽罗瓦理论	2012—11	58.00	223
伽罗华与群论	2014—01	28.00	290
代数方程的根式解及伽罗瓦理论	2011—03	28.00	108
代数方程的根式解及伽罗瓦理论(第二版)	2015—01	28.00	423
线性偏微分方程讲义	2011—03	18.00	110
N体问题的周期解	2011—03	28.00	111

哈尔滨工业大学出版社刘培杰数学工作室已出版(即将出版)图书目录

书　　名	出版时间	定　价	编号
代数方程式论	2011－05	18.00	121
动力系统的不变量与函数方程	2011－07	48.00	137
基于短语评价的翻译知识获取	2012－02	48.00	168
应用随机过程	2012－04	48.00	187
概率论导引	2012－04	18.00	179
矩阵论(上)	2013－06	58.00	250
矩阵论(下)	2013－06	48.00	251
趣味初等方程妙题集锦	2014－09	48.00	388
对称锥互补问题的内点法:理论分析与算法实现	2014－08	68.00	368
抽象代数:方法导引	2013－06	38.00	257
闵嗣鹤文集	2011－03	98.00	102
吴从炘数学活动三十年(1951～1980)	2010－07	99.00	32
函数论	2014－11	78.00	395
吴振奎高等数学解题真经(概率统计卷)	2012－01	38.00	149
吴振奎高等数学解题真经(微积分卷)	2012－01	68.00	150
吴振奎高等数学解题真经(线性代数卷)	2012－01	58.00	151
高等数学解题全攻略(上卷)	2013－06	58.00	252
高等数学解题全攻略(下卷)	2013－06	58.00	253
高等数学复习纲要	2014－01	18.00	384
钱昌本教你快乐学数学(上)	2011－12	48.00	155
钱昌本教你快乐学数学(下)	2012－03	58.00	171
数贝偶拾——高考数学题研究	2014－04	28.00	274
数贝偶拾——初等数学研究	2014－04	38.00	275
数贝偶拾——奥数题研究	2014－04	48.00	276
集合、函数与方程	2014－01	28.00	300
数列与不等式	2014－01	38.00	301
三角与平面向量	2014－01	28.00	302
平面解析几何	2014－01	38.00	303
立体几何与组合	2014－01	28.00	304
极限与导数、数学归纳法	2014－01	38.00	305
趣味数学	2014－03	28.00	306
教材教法	2014－04	68.00	307
自主招生	2014－05	58.00	308
高考压轴题(上)	2014－11	48.00	309
高考压轴题(下)	2014－10	68.00	310
从费马到怀尔斯——费马大定理的历史	2013－10	198.00	Ⅰ
从庞加莱到佩雷尔曼——庞加莱猜想的历史	2013－10	298.00	Ⅱ
从切比雪夫到爱尔特希(上)——素数定理的初等证明	2013－07	48.00	Ⅲ
从切比雪夫到爱尔特希(下)——素数定理 100 年	2012－12	98.00	Ⅲ
从高斯到盖尔方特——二次域的高斯猜想	2013－10	198.00	Ⅳ
从库默尔到朗兰兹——朗兰兹猜想的历史	2014－01	98.00	Ⅴ
从比勃巴赫到德布朗斯——比勃巴赫猜想的历史	2014－02	298.00	Ⅵ
从麦比乌斯到陈省身——麦比乌斯变换与麦比乌斯带	2014－02	298.00	Ⅶ
从布尔到豪斯道夫——布尔方程与格论漫谈	2013－10	198.00	Ⅷ
从开普勒到阿诺德——三体问题的历史	2014－05	298.00	Ⅸ
从华林到华罗庚——华林问题的历史	2013－10	298.00	Ⅹ

哈尔滨工业大学出版社刘培杰数学工作室已出版(即将出版)图书目录

书　名	出版时间	定　价	编号
三角函数	2014－01	38.00	311
不等式	2014－01	28.00	312
方程	2014－01	28.00	314
数列	2014－01	38.00	313
排列和组合	2014－01	28.00	315
极限与导数	2014－01	28.00	316
向量	2014－09	38.00	317
复数及其应用	2014－08	28.00	318
函数	2014－01	38.00	319
集合	即将出版		320
直线与平面	2014－01	28.00	321
立体几何	2014－04	28.00	322
解三角形	即将出版		323
直线与圆	2014－01	28.00	324
圆锥曲线	2014－01	38.00	325
解题通法(一)	2014－07	38.00	326
解题通法(二)	2014－07	38.00	327
解题通法(三)	2014－05	38.00	328
概率与统计	2014－01	28.00	329
信息迁移与算法	即将出版		330
第19～23届"希望杯"全国数学邀请赛试题审题要津详细评注(初一版)	2014－03	28.00	333
第19～23届"希望杯"全国数学邀请赛试题审题要津详细评注(初二、初三版)	2014－03	38.00	334
第19～23届"希望杯"全国数学邀请赛试题审题要津详细评注(高一版)	2014－03	28.00	335
第19～23届"希望杯"全国数学邀请赛试题审题要津详细评注(高二版)	2014－03	38.00	336
第19～25届"希望杯"全国数学邀请赛试题审题要津详细评注(初一版)	2015－01	38.00	416
第19～25届"希望杯"全国数学邀请赛试题审题要津详细评注(初二、初三版)	2015－01	58.00	417
第19～25届"希望杯"全国数学邀请赛试题审题要津详细评注(高一版)	2015－01	48.00	418
第19～25届"希望杯"全国数学邀请赛试题审题要津详细评注(高二版)	2015－01	48.00	419
物理奥林匹克竞赛大题典——力学卷	2014－11	48.00	405
物理奥林匹克竞赛大题典——热学卷	2014－04	28.00	339
物理奥林匹克竞赛大题典——电磁学卷	即将出版		406
物理奥林匹克竞赛大题典——光学与近代物理卷	2014－06	28.00	345
历届中国东南地区数学奥林匹克试题集(2004～2012)	2014－06	18.00	346
历届中国西部地区数学奥林匹克试题集(2001～2012)	2014－07	18.00	347
历届中国女子数学奥林匹克试题集(2002～2012)	2014－08	18.00	348

哈尔滨工业大学出版社刘培杰数学工作室已出版(即将出版)图书目录

书　　名	出版时间	定　价	编号
几何变换(Ⅰ)	2014－07	28.00	353
几何变换(Ⅱ)	即将出版		354
几何变换(Ⅲ)	2015－01	38.00	355
几何变换(Ⅳ)	即将出版		356
美国高中数学竞赛五十讲.第1卷(英文)	2014－08	28.00	357
美国高中数学竞赛五十讲.第2卷(英文)	2014－08	28.00	358
美国高中数学竞赛五十讲.第3卷(英文)	2014－09	28.00	359
美国高中数学竞赛五十讲.第4卷(英文)	2014－09	28.00	360
美国高中数学竞赛五十讲.第5卷(英文)	2014－10	28.00	361
美国高中数学竞赛五十讲.第6卷(英文)	2014－11	28.00	362
美国高中数学竞赛五十讲.第7卷(英文)	2014－12	28.00	363
美国高中数学竞赛五十讲.第8卷(英文)	即将出版		364
美国高中数学竞赛五十讲.第9卷(英文)	即将出版		365
美国高中数学竞赛五十讲.第10卷(英文)	即将出版		366
IMO 50年.第1卷(1959－1963)	2014－11	28.00	377
IMO 50年.第2卷(1964－1968)	2014－11	28.00	378
IMO 50年.第3卷(1969－1973)	2014－09	28.00	379
IMO 50年.第4卷(1974－1978)	即将出版		380
IMO 50年.第5卷(1979－1983)	即将出版		381
IMO 50年.第6卷(1984－1988)	即将出版		382
IMO 50年.第7卷(1989－1993)	即将出版		383
IMO 50年.第8卷(1994－1998)	即将出版		384
IMO 50年.第9卷(1999－2003)	即将出版		385
IMO 50年.第10卷(2004－2008)	即将出版		386
历届美国大学生数学竞赛试题集.第一卷(1938—1949)	2015－01	28.00	397
历届美国大学生数学竞赛试题集.第二卷(1950—1959)	2015－01	28.00	398
历届美国大学生数学竞赛试题集.第三卷(1960—1969)	2015－01	28.00	399
历届美国大学生数学竞赛试题集.第四卷(1970—1979)	2015－01	18.00	400
历届美国大学生数学竞赛试题集.第五卷(1980—1989)	2015－01	28.00	401
历届美国大学生数学竞赛试题集.第六卷(1990—1999)	2015－01	28.00	402
历届美国大学生数学竞赛试题集.第七卷(2000—2009)	即将出版		403
历届美国大学生数学竞赛试题集.第八卷(2010—2012)	2015－01	18.00	404

哈尔滨工业大学出版社刘培杰数学工作室 已出版(即将出版)图书目录

书　　名	出版时间	定　价	编号
新课标高考数学创新题解题诀窍:总论	2014—09	28.00	372
新课标高考数学创新题解题诀窍:必修 1～5 分册	2014—08	38.00	373
新课标高考数学创新题解题诀窍:选修 2—1,2—2,1—1,1—2分册	2014—09	38.00	374
新课标高考数学创新题解题诀窍:选修 2—3,4—4,4—5 分册	2014—09	18.00	375
全国重点大学自主招生英文数学试题全攻略:词汇卷	即将出版		410
全国重点大学自主招生英文数学试题全攻略:概念卷	2015—01	28.00	411
全国重点大学自主招生英文数学试题全攻略:文章选读卷(上)	即将出版		412
全国重点大学自主招生英文数学试题全攻略:文章选读卷(下)	即将出版		413
全国重点大学自主招生英文数学试题全攻略:试题卷	即将出版		414
全国重点大学自主招生英文数学试题全攻略:名著欣赏卷	即将出版		415
数学王者　科学巨人——高斯	2015—01	28.00	428
数学公主——科瓦列夫斯卡娅	即将出版		
数学怪侠——爱尔特希	即将出版		
电脑先驱——图灵	即将出版		
闪烁奇星——伽罗瓦	即将出版		

联系地址:哈尔滨市南岗区复华四道街 10 号　哈尔滨工业大学出版社刘培杰数学工作室
网　　址:http://lpj.hit.edu.cn/
邮　　编:150006
联系电话:0451—86281378　　13904613167
E-mail:lpj1378@163.com

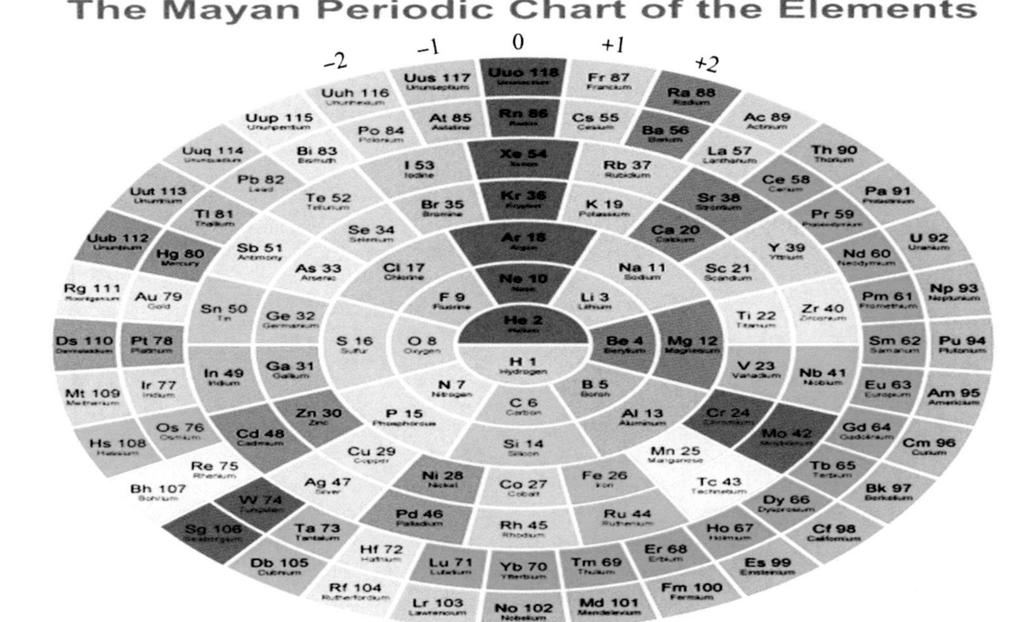
The Mayan Periodic Chart of the Elements
−2
−1
0
+1
+2
Uuh 116
Uus 117
Uuo 118
Fr 87
Ra 88
Uup 115
Po 84
At 85
Rn 86
Cs 55
Ba 56
Ac 89
Uuq 114
Bi 83
I 53
Xe 54
Rb 37
La 57
Th 90
Uut 113
Pb 82
Te 52
Br 35
Kr 36
K 19
Sr 38
Ce 58
Pa 91
Uub 112
Tl 81
Se 34
Ar 18
Ca 20
Pr 59
U 92
Hg 80
Sb 51
As 33
Cl 17
Ne 10
Na 11
Sc 21
Y 39
Nd 60
Rg 111
Au 79
Sn 50
Ge 32
F 9
Li 3
He 2
Ti 22
Zr 40
Pm 61
Np 93
Ds 110
Pt 78
S 16
O 8
Be 4
Mg 12
Sm 62
Pu 94
H 1
In 49
Ga 31
N 7
B 5
V 23
Nb 41
Eu 63
Mt 109
Ir 77
Am 95
C 6
Zn 30
P 15
Al 13
Cr 24
Hs 108
Os 76
Cd 48
Mo 42
Gd 64
Cm 96
Si 14
Cu 29
Mn 25
Re 75
Tb 65
Bh 107
Ag 47
Ni 28
Co 27
Fe 26
Tc 43
Bk 97
W 74
Pd 46
Ru 44
Dy 66
Sg 106
Ta 73
Rh 45
Ho 67
Cf 98
Hf 72
Er 68
Db 105
Lu 71
Yb 70
Tm 69
Es 99
Rf 104
Lr 103
No 102
Md 101
Fm 100

元素周期表

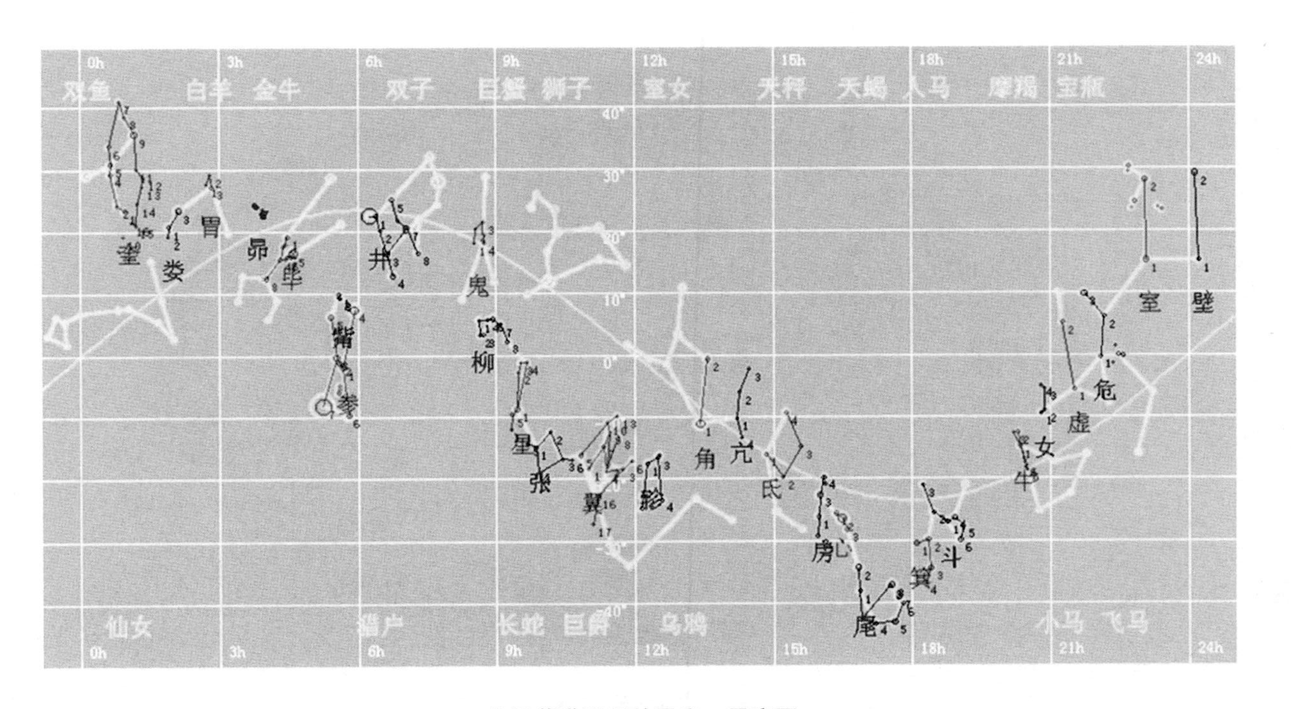

位于黄道附近的星宿、星座图